はじめに

　サイバー攻撃対策はいま、パラダイム・シフトを迎えている。攻撃を100%防ぐことを目的としていたこれまでの対策から、完全に防ぎきることはできないものとしてとらえ直すという転換である。

　今日の社会は「インターネット社会」と言われる。この言葉に象徴されるように、近年のテクノロジーの劇的な発展と社会基盤としてのインターネットの浸透は、私たちに大きな利便性をもたらす一方で、サイバー攻撃の手法を高度で巧妙なものへと進化させてきた。こうした背景が、新たな攻撃方法の発明に対し、新たな防御方法で対抗するいたちごっこの構造をさらに加速させている。そして、このようなサイバー攻撃の現状に対応する手段として考え出されたのが、CSIRT（Computer Security Incident Response Team・シーサート）である。

　しかしその一方で、「CSIRTとは何か」「CSIRTの構築・運用をどのように行えばよいか」という問いに、明快な答えを示すのは難しい。CSIRTへの関心の高まりによって、CSIRTへの期待や、CSIRTの概要説明を試みる記事や情報が目につくようになってきたが、これらの疑問に体系的に答えているものはまだ少ない。

　本書は、こうした疑問に答えることを目的に、CSIRTの構築と運用についてのノウハウをまとめた、実務者による、実務者のための実用書である。本書の筆者陣が所属する「日本シーサート協議会」には、CSIRTをどうやって構築すればよいか、CSIRTの運用をよりよいものにするにはどうすればよいか、という声が多数寄せられている。本書はこうした実務者の悩みに応えるために、CSIRTの実務経験者のノウハウを体系的にまとめたものである。

　まず第1章の「基礎知識」では、CSIRTという考え方や機能がどのような背景のもとで誕生し、今後はどのような形で必要とされるか、私たちを取り

巻く環境と歴史的変遷にもとづきながら解説する。

　続く第2章の「構築と運用」では、CSIRTに一般的に必要とされる構成要素を5つの切り口から示す。これには、組織や人材など、主に構築に必要な要素だけでなく、プロセス、設備やシステムといった運用に関わる要素、さらにはCSIRTの活動に不可欠な対外的連携も含まれる。なるべく多くの実務者の方に役立てていただけるように、現場で遭遇することの多い疑問点や事例を紹介するように努めた。

　そして第3章の「応用知識」では、前章までに示した内容に則り、CSIRTへの理解をさらに深めることを意図している。他の企業や組織のCSIRTとの連携において可能となることや、自らのCSIRTを俯瞰的に理解するために必要な、CSIRTの分類や評価方法について解説する。さらにCSIRTでよく用いられるツールの解説やインシデント対応のケーススタディを添えることで、運用の際に実用的な参考書となるようにまとめた。ここではCSIRTの構築・運用開始当初には必ずしも必要ではないかもしれないが、CSIRTの活動を続けていく上で必要となるであろう知識や情報をピックアップしている。

　本書の内容には、規模の小さな組織では実現が難しいものが多いと思われる読者もいるかもしれない。しかし、CSIRTの基本的な考え方には規模による違いはないので、そこは使えるところだけを使うと割り切って読んでいただきたい。

　さて、CSIRTの使命が、新たに発見され続ける攻撃手法に対処するものであることはすでに述べたが、この事実はCSIRT自体が常に変化を求められることを意味してもいる。いかに素晴らしいCSIRTであっても、絶えず変化を続ける攻撃手法への対応を怠っていては、いつか必ず役に立たなくなってしまうからだ。

　CSIRTの業務は、被害が発生したときの対応のみが注目されがちであるが、実際は、平常時の業務にも等しく目を向けておくことが望ましい。なぜなら、常に機能するCSIRTであり続けるには、組織やプロセスの見直しがうまく行われているか、チームのメンバーが知識や技術を学ぶための環境や

時間が十分に設けられているかなど、CSIRTの営み全体のありようが問われるからだ。こうした視点に立つと、本書で示される各項目は、CSIRTの継続的な営みのためのチェックポイント集としても活用することができる。

　本書は、「日本シーサート協議会」の活動において、様々な業種のCSIRTの実務経験者による活発な意見交換の成果でもある。本書がこれからCSIRTを構築・運用していこうとする実務者のために、また、すでにCSIRTを運用している実務者にとってはCSIRT活動を継続・改善していくためのチェックポイント集として、お役に立てれば幸いである。

日本シーサート協議会
林郁也（CISSP／NTTコミュニケーションズ株式会社／NTT Com-SIRT）

CSIRT——構築から運用まで 目次
(シーサート)

はじめに i

第1章 基礎知識 001

1.1 サイバー攻撃とCSIRT 003

1.1.1 インシデント増加の背景 003
1.1.2 攻撃者の特徴を知る
〜敵を知り己を知れば百戦して百勝危うからず〜 005
1.1.3 進化する攻撃手法と事後対応の必要性 009
1.1.4 経営上の課題 011

1.2 CSIRTを正しく理解するために 012

1.2.1 CSIRTの誕生と歴史 012

■コラム｜CERTとは？ 013

1.2.2 CSIRTのコンセプト 018
1.2.3 CSIRTの業務 022

■コラム｜CSIRTとレジリエンス 028

第2章 構築と運用 029

2.1 組織 031

2.1.1 構築 031

■コラム｜CSIRTの分類 034

2.1.2 運用 050

2.2 人材の定義と育成　063

- 2.2.1 CSIRT要員の役割　063
- 2.2.2 役割間関連図と連携フロー　067
- 2.2.3 自組織で備えるべき役割とアウトソース可能な役割　070
- 2.2.4 役割を担う人材の定義と育成　072

2.3 プロセス　089

- 2.3.1 設計　089
- 2.3.2 改善　098

2.4 設備やシステム　101

- 2.4.1 CSIRT業務に役立つシステム　101
- 2.4.2 事業継続性を考慮した設備　106
- 2.4.3 機密性を考慮した設備　108
- 2.4.4 インシデント対応時に活用できる設備　110

2.5 対外連携　112

- 2.5.1 セキュリティインシデント発生時の報告窓口　113
- 2.5.2 脆弱性情報を発見した際の報告先　114
- 2.5.3 セキュリティインシデント情報共有　115
- 2.5.4 フィッシングサイトに関する相談　116
- 2.5.5 他組織CSIRTとの情報連携　118

■ コラム ｜ CSIRTにおけるcapabilityとcapacity　119

第3章　応用知識　121

3.1 CSIRTの分類　123

- 3.1.1 現実世界との対比　123

- 3.1.2 CSIRTの実装モデル　125
- 3.1.3 グループの実装モデル　130

3.2　CSIRTが使うツール　131

- 3.2.1 CSIRT業務に欠かせない情報　132
- 3.2.2 資産を管理するためのツール　132
- 3.2.3 公開情報　133
- 3.2.4 メンバーとして参加することで得られる情報　134

■ コラム｜Traffic Light Protocol　135

- 3.2.5 安全な電子メールシステム　136
- 3.2.6 インシデントトラッキングシステム　137
- 3.2.7 インシデント解析ツールセット　138
- 3.2.8 通常の開発にも多く用いられるインシデント解析ツール類　140

■ コラム｜脅威情報を交換するための技術仕様　141

3.3　CSIRTのケーススタディ　143

- 3.3.1 脆弱性情報入手後の対応例　143
- 3.3.2 ランサムウェア被害報告を受けた後の対応例　144
- 3.3.3 不正な外部通信をリサーチャーが検知した後の対応例　146

3.4　CSIRT評価モデル　149

- 3.4.1 CSIRT評価モデルの課題意識と目的　149
- 3.4.2 一般的な評価モデル　150
- 3.4.3 代表的なCSIRT評価モデル　154

おわりに　167
出典　169
別添資料　175

第1章 基礎知識

自組織の重要な情報資産をセキュリティ脅威から守るために、CSIRTは存在する。守るべき情報資産が明確になることで、CSIRTとして何をすべきか、何が必要であるかが見えてくるだろう。また、どのような攻撃者が存在し、何を狙っているのか、どのような手口を使っているのかについて把握すれば、セキュリティの脅威に対して効果的な対策も講じることができる。

　この章では、サイバー攻撃の動向、CSIRTの平常時やインシデント発生時の活動例、よりよいCSIRT活動のために必要な事項を紹介する。

1.1　サイバー攻撃とCSIRT

　近年、インターネットの発展にともない、オンラインショッピングやオンラインバンキングなどは日常生活でも身近なものとなりつつある。企業においても、ビジネスの基盤としてインターネットやITの活用が進み、経営の効率化や業務の発展に大きく寄与している。今やインターネットは、社会生活において必要不可欠なインフラとなっているのだ。

　一方で、コンピュータやネットワークに対し、不正に侵入してデータの破壊や改ざん、情報窃取、システム停止などの損害を与えるサイバー攻撃が後を絶たない。サイバー攻撃の被害に遭った企業に関するニュースがメディアでも日々報じられている。インターネット上のセキュリティインシデントの対応支援を行っている一般社団法人「JPCERTコーディネーションセンター」が公開している報告書によると、2014年に受領したインシデントは20,284件、これは10年前の2004年の5,196件と比較して約4倍の件数であり、インシデント報告数は増加傾向にあることが見て取れる（図1-1）。

1.1.1　インシデント増加の背景

　では、なぜこうしたインシデントが増加しているのか。その背景について以下の3つの観点から説明してみたい。

(1) ITの社会インフラ化

　インターネットとITが普及する前は、業務における主な情報伝達媒体は紙が中心であった。見積書や報告書などを手書きし、それをFAXや郵送することが一般的であった。しかし時代が変わり、現在は文書作成ソフトや表計算ソフトなどが広く普及したことにより、業務で利用する資料のほとんどがデジタルデータに置き換わった。企業が保有する個人情報や営業秘密などの機密情報であっても、デジタルデータとして社内のサーバや端末に保管されている。こうした変化によって、不正アクセスなどにより遠隔地から機密

図 1-1 JPCERT/CCが受領したインシデント報告件数の推移

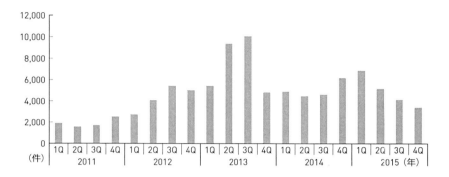

情報が窃取されるリスクが増大し、サイバー攻撃の実行者にとっては機密情報や換金性の高いデジタルデータが格好の標的となっている。

（2）グローバルな相互接続を可能にするインターネット

インターネットは、国境や物理的な距離の制約をほとんど受けないグローバルなネットワークである。自国に居ながら海外のWebサイトで現地の情報を収集したり海外のホテルを予約できたりする、利便性の高いツールだ。

しかし、その特性がサイバー攻撃の抑制を妨げている面もある。日本に対するサイバー攻撃の発信元は日本国内だけではなく海外の場合もある。国境を越えるサイバー攻撃に対し、JPCERTコーディネーションセンターなどの国際連携CSIRTが被害軽減に向けて対処や調整を行っているものの、抜本的な解決には至っておらず、国際的な課題となっている。海外からのサイバー攻撃により日本国内の企業が被害を受けた場合、捜査当局の警察権が及ばない地域にいる実行犯を逮捕することは容易ではない。サイバー犯罪は従来の犯罪と比べると犯人の追跡と逮捕が困難なため、攻撃者にとっては逮捕されるリスクが低く、抑止力が働きにくいことがサイバー攻撃の増加をもたらす一因となっている。

(3) 組織化する攻撃者

前述の通り、以前は高い技術力を持つ「ハッカー」が、自らの技術力を誇示するためにサイバー攻撃を行っていたが、今やサイバー攻撃をビジネスとする者も存在している。個人や組織の情報と攻撃ツールが売買され、ビジネス化が進むにつれて、攻撃者は利益を求めて組織化、分業化されつつある。攻撃用のツールを作成し販売するグループや、購入したツールで攻撃を実施し、データを窃取するグループ、また窃取した情報を用いて換金化するグループなど、攻撃側はそれぞれの得意分野を活かして効率的にサイバー攻撃を行い、窃取した情報を悪用する一連の流れが生じている。

以上、3つの観点からインシデント増加の背景を解説してきたが、これらの状況が急激に改善されるとは考えにくく、サイバー攻撃を行った犯罪者が逮捕される環境が国際的に整備され、サイバー攻撃に対する抑止力が働き、インシデントの発生が急激に減少するまでには相当な時間を要する。そのため、サイバー攻撃が継続的に発生することを前提とした「組織としてのセキュリティ対策」が求められている。

1.1.2 攻撃者の特徴を知る
〜敵を知り己を知れば百戦して百勝危うからず〜

サイバー攻撃には単純な技術力アピールや思想を主張するだけのものから、特定のターゲットの情報を窃取するものまで様々であり、それぞれに攻撃者の目的や特徴を見ることができる。これらを把握、分析することは攻撃対処において非常に有効である（表1-1）。本項ではサイバー攻撃を行う様々な属性の攻撃者がいることとあわせて、最近話題となっているサイバー攻撃の事例を解説する。

(1) 愉快犯、ハクティビスト(Hacktivist)

政治的な主張や技術力のアピールを目的として、サイバー攻撃を行う集団が存在する。最も有名な例の1つが、Anonymous（アノニマス、英語で「匿名の」

表1-1 攻撃者の分類（JPCERT/CCによる分類）

	愉快犯/ハクティビスト	金銭目的の攻撃者	標的型攻撃の実行者
攻撃の目的	・政治的な主張 ・技術力のアピール	・金銭の獲得（不正送金）	・標的とする組織内の重要情報窃取やシステム破壊
主な攻撃手法	・Webサイトに対するDos ・政治的な主張を目的とするWebサイトの改ざん ・SNSアカウント乗っ取り	・Webサイト改ざんによるマルウェアの配布	・マルウェアが添付されたメールの送付 ・Webサイト改ざんによるマルウェアの配布（ただし攻撃対象のみに限定）
技術力	低		高

を意味する形容詞）である。オペレーションと言われる単位で目的を同じくするメンバーがグループで行動する（図1-2）。

　一例を挙げると、2013年から、捕鯨やイルカ漁に反対するオペレーション#OpKillingBayによる攻撃が断続的に発生しており、日本企業も被害を受けている。以前は、複数の手法を組み合わせた複雑な攻撃活動が多く見られたが、近年は主にDDoS（Distributed Denial of Service：サービス運用妨害）のように比較的単純な攻撃が増えている。ただし、単純とはいえ、攻撃の根絶が難しいことや、攻撃自体がメディアなどに取り上げられると広報部門を含めたメディア対応などの必要性が生じることもあり、対応には時間と労力を要する。

（2）経済的利益を目的とした攻撃者

　攻撃者の目的は非常に明確で、金銭の獲得を目的としている。金融機関を狙った攻撃としては、2013年からオンラインバンキング口座の認証情報を窃取し、不正送金を行うサイバー攻撃が国内で相次いで発生している。警察庁の発表によると、2015年の被害額は約30億円に上る（図1-3）。他にも、DDoS攻撃を行い、攻撃を停止する見返りとしてビットコイン（仮想通貨の一種）での金銭支払いを強要したり、身代金を意味する「ランサム」に由来するランサムウェアに感染させて、PCのシステムやファイルを暗号化するなどして使用不能にし、復元の見返りとして金銭を要求したりするような手法も拡大

図1-2　Anonymousによるオペレーション #OpKillingBay

している。

(3) 標的型攻撃

　対象を定めず、不特定多数に攻撃を行うサイバー攻撃とは異なり、特定の企業や組織が保有する情報を狙うサイバー攻撃、いわゆる「標的型攻撃」を行うグループが存在する。たとえば、2015年には、日本年金機構に対してサイバー攻撃が行われ、約125万件の個人情報が外部に流出した。これはメディアでも取り上げられて大きな話題となったが、攻撃手法やマルウェアの特徴から、政府組織を対象とする標的型攻撃であると言われている。金銭を目的とした攻撃の場合、狙われる対象が十分な対策を施せば、攻撃者は攻撃の利益とコストを勘案し、攻撃対象を変更する可能性がある。しかし標的型攻撃においては攻撃対象の対策の実施状況にかかわらず、目的とする情報を窃取するまで執拗に攻撃を繰り返すという特徴がある。

　ここでは、日本年金機構が公開している「不正アクセスによる情報流出事案に関する調査結果報告書」の中から攻撃の特徴について紹介する。

図1-3 不正送金被害の推移

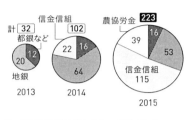
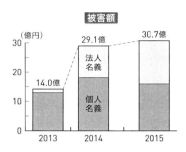

注：警察庁公開資料をもとに著者が作成

① 執拗に続く攻撃

　日本年金機構の報告書によると、標的型攻撃に使用されたメールは4度にわたって送られており、1度目、2度目は未然に防ぐことができたが、3度目の攻撃が被害につながったとしている。このように、以前のサイバー攻撃のような場当たり的な攻撃ではなく、攻撃者は執拗に何度も攻撃を行っていることがわかる。

② 自組織内ネットワークでの潜伏活動

　当初マルウェアに感染した端末は、標的型メールを開封した1台だけだったが、その後6台の端末に感染が広がった。これは標的型攻撃においては攻撃者が感染した端末を踏み台にして、自組織内のネットワークを通じてさらに自組織の深奥部の端末への攻撃を行うためである。従来のネットワーク構成では外部と内部の境界を防御していれば問題ないと考え、内部から内部への攻撃は想定していなかったため、対策が不十分である企業も多い。こうした攻撃の特徴が大きな被害を及ぼす一因となった（図1-4）。

図1-4　横断的侵害イメージ

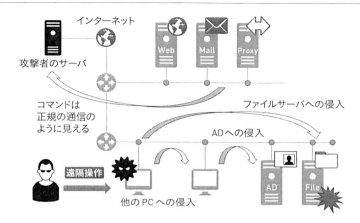

1.1.3　進化する攻撃手法と事後対応の必要性

（1）進化する攻撃手法

　以前は、事前に適切な対策を施せば、サイバー攻撃によるデータの破壊や改ざん、情報窃取、システム停止などのセキュリティインシデントは発生しないという見方が主流であった。しかし、近年の攻撃手法の巧妙化により、境界の防御のような事前の対策だけでは十分に対処しきれない事例も増えている。また、セキュリティ対策製品の進化は、多くの攻撃を検知することを可能にしたが、日々変化する攻撃のすべてを検知するのは、現実的には困難である。

　たとえば、標的とする組織が日常的に閲覧している正規のWebサイトを改ざんし、攻撃コードを設置する「水飲み場攻撃」や、ソフトウェアのアップデートサーバに侵入し、端末からのアップデート要求時に不正なプログラムを配信する「アップデートハイジャッキング」などの攻撃も、事前の対策のみの対応では難しい。攻撃で使用される脆弱性についても、製品開発者には知られていない、知らされていない脆弱性、いわゆる「ゼロデイの脆弱性」が使われる例も少なくない。

(2) 事後対応の必要性

　事前の対策を十分に行うことに加えて、インシデントは発生するという前提で、対応体制（たとえば、各部門の担当者、役割、権限、エスカレーションフローなど）を整備しておくことが重要である。インシデントの発生を想定しない組織では、対応体制が整備されていない、あるいは整備されていても形骸化しているために、初動対応が遅れがちになる。

　たとえば、一般ユーザの情報を取り扱っているWebサーバが攻撃されており、ユーザ情報の流出を防ぐためにWebサーバを停止しなければならない場合、情報インフラを運用する情報システム部門だけでは、Webサーバを停止するかどうかの判断は困難である。また、組織への影響が大きいインシデントであれば経営層へ迅速に報告し、判断を仰いだり、対外的に情報を発信する広報部門、場合によっては法務部門などと組織横断的に状況を共有したりするなどして、対策を協議した上で迅速な意思決定をすることが求められる。事前に対応手順やルールが定まっていない状態では、そうした情報の共有やエスカレーションがスムーズにいかないばかりか、ともすれば犯人捜しが始まってしまい、対応策を決定するための議論が長引くこともある。このため、迅速なインシデント対応による被害の軽減を目的として、CSIRTのような緊急対応体制を備えることは、一定規模の組織にとって非常に重要なのである。

(3) 自組織外の他組織からのインシデント通知

　組織で発生したインシデントをはじめに検知するのは、必ずしも被害組織だけではない。それよりも先に自組織外の他組織がインシデントに気づくこともある。たとえば、攻撃者が自組織の機密データを窃取した後に、インターネット上に機密データを公開するような事例もある。これに自組織外の他組織が先に気づき、連絡してくれる可能性がある。

　被害組織に連絡するにあたり、その組織が普段から自組織外の他組織と連携していることで、サイバーセキュリティの動向に詳しい担当者（または担当部門）への連絡先を自組織外の他組織の報告者が知っていれば、攻撃関連情

報の受け渡しがスムーズに進む。しかしながら、そうした担当者がいない場合は、攻撃の背景、攻撃手法、被害による影響などを報告者が説明し、被害組織が状況を理解してから実際の対応が始まるため、初動までの時間が長くなってしまう。たとえば、JPCERTコーディネーションセンターによれば、窓口となる担当者を設置していない組織にインシデントとそのリスクを適切に伝えるために、最大で60日以上を要した事例もあるという。

インシデント対応を始めるタイミングは早ければ早いほどよいことから、外部からの連絡が適切に担当者まで届き、報告内容の精査を踏まえて、迅速な対応につなげる体制としてのCSIRTという観点も重要となる。

(4) サイバーセキュリティでのリスクコミュニケーション

健康、安全、環境などの分野において、リスクコミュニケーションという考え方がある。これは、リスクについて関係者間で意見や情報を共有したりそのリスクについて理解を深めたりすることを通じて、各関係者がより良い決定や判断ができることを目指している。

自分が詳しくない分野のリスクに対しては、普段から付き合いがある信頼できる専門家からの注意や忠告があるほうが、ない場合に比べて一般的に行動に移しやすい。そのため、リスクコミュニケーションの観点からは、情報の受け手が行動を起こすには、継続的なコミュニケーションを通じた信頼醸成が効果的であると言われている。

サイバーセキュリティの分野でも同じことが言える。専門家からの情報とは言え、必ずしもすべてが正しいとは限らないため、受け手においても客観的な評価は必要であるが、それでも信頼している専門家から受け取った情報は重みが違うものである。CSIRTとしてセキュリティ関連の様々なコミュニティに積極的に参加し、多くの専門家と交流して信頼関係を深めてほしい。

1.1.4　経営上の課題

サイバー攻撃への対応が遅れると、自組織の事業継続に関わる問題に発展

してしまう可能性があることから、サイバーセキュリティ対策はIT部門のみの課題ではなく、経営上の課題と認識されるようになりつつある。また、企業が保有する情報のデジタル化が進み、インターネットとITが企業活動の前提となっている状況においては、組織横断的にリスク評価や分析を行い、予算や人的資源を最適化することが求められる。特に、組織のビジネスの特徴を踏まえた経営企画や全社的なリスク分析については、経営層の役割に負うところも大きい。これらの状況を踏まえ、経済産業省も2015年に「サイバーセキュリティ経営ガイドライン」を策定した。企業経営におけるサイバーセキュリティ対策の重要性やポイントを解説しているので、一読されることをお勧めしたい。

1.2　CSIRTを正しく理解するために

1.2.1　CSIRTの誕生と歴史

　1988年11月、インターネットに接続された多数のコンピュータを使用不能に追い込んだ世界初のワームである「Morrisワーム」が世界を震撼させた。1988年と言えば、インターネットにつながっていたのは米軍関係、学術団体、少数の先駆的企業のコンピュータくらいで、世界中でまだ6万台ほどであった。Morrisワームにより使用不能に追い込まれたコンピュータは約6,000台だったが、当時のインターネットに接続していた全コンピュータの1割に相当する大きな事件であった。

　Morrisワームは当時コーネル大学の学生だったロバート・T・モリスが作成したワームで、sendmailプログラム（電子メールの配信や中継などに使われるサーバプログラム）などの脆弱性の悪用やパスワード破りによって感染を広めていった。モリス氏は悪意をもってこのワームを作成したのではなく、インターネットの大きさを計ることが目的だったと言われている。しかし、ワームの拡散機能に問題があったため、結果的に多くのコンピュータに過剰な負荷を与え、使用不能に追い込む事態になってしまった。その一方で、意図的

なサイバー攻撃はMorrisワーム事件の頃すでに存在しており、ノンフィクション『カッコウはコンピュータに卵を産む』[1]では、軍関係のシステムを狙うしたたかな侵入者と、それを追跡して正体を暴こうとする著者の奮闘が描かれている。

Morrisワーム事件がきっかけとなって、コンピュータセキュリティの世界でも事故前提の考えが必要であることが認識された。さらに、インシデントが発生したときに対応できる組織の必要性が唱えられ、世界初のCSIRT (Computer Security Incident Response Team) としてCERT/CC (CERT Coordination Center) が発足した。1989年にはエネルギー省にCIAC (Computer Incident Advisory Capability) が、その数年後には空軍や研究機関に設立され、さらには欧州など世界各地に広まっていった。

CERT/CCに続き、米国をはじめ世界各地でCSIRTが次々と誕生したが、CSIRTごとに活動目的や財政基盤などの事情が異なる上、言語の違いや時差も絡み、チーム同士の交流はなかなか進まなかった。

そうした中で、1989年10月に再び大きなインシデントが起きた。今度はWankと呼ばれるワームである。このワーム発生事件によってCSIRT間のコミュニケーション不足による連携の不十分さが浮き彫りになり、翌1990年、

■コラム　CERTとは？

ここでCERT/CCという名称に注目していただきたい。CERTは、もともとComputer Emergency Response Team（コンピュータ緊急対応チーム）の頭字語だったが、現在ではCERTを一語とし、その上で米国における登録商標とした経緯がある。これは、かつてEmergencyという言葉が、連絡すればすぐに駆け付けて解決してくれるかのような誤解を与えてしまったことに起因する。このような誤解を避けるためにもCERT/CCでは、CERTを頭字語としては使用しないよう求めている。

---

1) クリフォード・ストール著、池央耿訳『カッコウはコンピュータに卵を産む〈上〉〈下〉』（草思社、1991年）

CERT/CCなどが中心となってFIRST（Forum of Incident Response and Security Teams）を発足させた。

　FIRSTは、会員相互の情報交換やインシデント対応における協力関係を築くことを目的とした、国際的なフォーラムである。当初の会員は欧米のCSIRTがほとんどだったが、日本、韓国、南米など世界各地からも加盟が進み、今では南極大陸を除く4大陸、76の国・地域から358チームが参加している（2016年9月1日現在）。加盟数による国別順位を見ると、72チームの米国を筆頭に、2位は日本27チーム、3位はドイツ26チーム、4位はイギリス15チーム、5位はスペイン13チームと続く。

　1991年になると、日本でもインターネットの運用とさらなる発展を目指し、技術的な側面から支援を行う組織、日本インターネット技術計画委員会（JEPG/IP：Japan Engineering and Planning Group on IP）が有志によって設立された。JEPG/IPでは、CERT/CCが発出した情報をメーリングリストで配布するなど、セキュリティに関する支援も積極的に行っていた。ほどなくしてインターネットは学術機関を中心に急速に拡大し、商用運用も始まるなど、大きく変化していった。

　折しも米国では、名うてのクラッカー（コンピュータ犯罪を行う者、攻撃者）、ケビン・ミトニックによるカリフォルニア大学のスーパーコンピュータへの侵入事件が起きた。この事件を受けてJEPG/IPの中では、インターネットの変遷や、いつ起きるとも知れないインシデントに柔軟かつ機敏に対応するためには、有志の力だけでは限界があるとの危機意識が強まり、インシデント対応組織の設立に向けた活動が始まった。各方面との協議が重ねられ、1996年8月、この組織はJPCERT/CC（Japan Computer Emergency Response Team Coordination Center）として正式に発足し、同年10月にオフィスを構えて活動を開始した。

　JPCERT/CC代表理事の歌代和正氏による「JPCERT/CC立ち上げのころの話」[2]には、JPCERT/CC誕生に至る経緯が詳細に語られている。同氏も含

---

2)　https://www.jpcert.or.jp/magazine/10th/beginning.html

め、日本のインターネット黎明期から活躍し、JPCERT/CCの設立にも携わってこられた方々が登場し、秘話も明かされている。JPCERT/CCの立ち上げにまつわる物語は、日本のインターネットセキュリティが進展した当時の貴重な記録でもある。

さて、JPCERT/CCが発足した1990年代は、昨今の状況に比べればインシデントの傾向は牧歌的だった。たとえば、「他人の作ったスクリプトをいじることしかできない子供」の意味で、老練なハッカーから「スクリプトキディ」と嘲笑される者たちがいた。彼らは自分の技術がどの程度のものなのか、いわば力試しをしたくて、あるいは単なる興味本位でサイトに侵入したり、Webサイトを書き換えたりしていた。

当時、大きな被害を出したインシデントの例として、電子メールソフトとアドレス帳を悪用して感染を広げるMelissaウイルス（1999年）や、マイクロソフト社のIIS Webサーバを標的にしたCode Redワーム（2001年）などが挙げられる。前述のスクリプトキディ同様、これらのウイルスの作成者の動機は金銭ではなく、いたずら心や自己顕示欲を満足させることの域を出なかった。だが、いくら金銭目当てでないとは言え、ネットワークが麻痺して経済的な損失を被った人々にとっては笑ってすませられる問題ではなく、コンピュータセキュリティインシデントが経済活動にも大きく影響を与えることが認識された。

JPCERT/CCは大小様々なインシデントについて注意を喚起し、早めの対応を促そうと、設立当初から「技術メモ」や「アドバイザリ」などを発行して、コンピュータセキュリティの啓発に努めていた。しかし、当時の一般企業ではセキュリティの重要性が浸透していなかったため、問題点を指摘されてもそれが何を意味するのか、正しく理解されないケースが多かった。

インシデントのもたらす影響が認識されるにつれて、セキュリティ対策を始める企業が少しずつ増えていったが、実際の対策としてはアンチウイルスソフトやファイアウォールなどの予防的側面が強かった。「予防線さえ張っておけば大丈夫」といった誤解や、「企業活動に深刻な影響を与えるインシデントなど、そうそう起こらないだろう」との楽観論が浸透しており、まだ多

くの組織がCSIRTの設置に消極的であった。しかし、そのような状況の中でも、日立製作所、インターネットイニシアティブ（IIJ）、ラックなどいくつかの先駆的な企業はCSIRTの必要性を感じ取り、早い段階でチームを立ち上げている。

　その当時、日本は様々な面で先進的な国であるのに、FIRSTの会員が少ないという指摘が諸外国からなされていたが、CSIRTが増えるにつれてFIRSTに加盟するチームも増えていった。2001年、IIJのCSIRTであるIIJ–SECTが日本企業のチームとして初めて加盟し、ラックのJSOC、内閣官房のNISC（情報セキュリティセンター、2015年に「内閣サイバーセキュリティセンター」に改組）、警察庁のCFC（サイバーフォースセンター）がこれに続いた。

　その後もCSIRTの設立とFIRSTへの加盟の流れは途切れることがなかった。2004年前後はワームによる大規模な感染活動、ファイル共有ソフトWinnyのユーザを狙った個人情報の流出事件など、多くのインシデントが発生した。また、指令者がコンピュータを操り、DDoS攻撃やSPAMメールの送信を行うボットネット（Botnet）の脅威も表面化し始めた。当時、日本電信電話（NTT）やソフトバンクBB（現在のソフトバンク）などの企業がCSIRTを立ち上げ、FIRSTに加盟し、すでにCSIRTを長く運用していた日立製作所もFIRSTのメンバーとなっている。急速に変わりつつある脅威と様々なインシデントの発生が、企業のセキュリティ対応チームの設置を促す1つのきっかけになったと思われる。

　日本国内のCSIRTの数は徐々に増えていったが、構築も運用もその道のりは決して容易ではなく、たいていのチームは有志のメンバーが奮闘して立ち上げたというのが実情であった。多くの場合、経営層やコンスティチュエンシー（CSIRTがセキュリティへの脅威から守る対象となる組織や人々）が、CSIRTの役割ばかりか、セキュリティの重要性さえ正しく理解しているとは言い難かった。

　たとえば、問題点を指摘すると、「どのような権限で指摘するのか」「セキュリティなんてやっていられない」と返される場面もあった。逆に、コンピュータセキュリティについてはCSIRTがすべて管理するものと見なされ、

あらゆる課題がCSIRTにのしかかることも珍しくなかった（今もその状況は変わらないと感じている方もおられるだろう）。しかし、セキュリティの向上を目指すCSIRTの地道な活動が実を結び、徐々にその価値を認められていった。

さて、インシデントは次から次へと発生し、攻撃の手法も巧妙の一途をたどっていた。また、かつての愉快犯的な行為から、大きな金銭的被害をもたらす犯罪へと、インシデントの性質も変貌しつつあった。こうした待ったなしの状況で、チーム同士が緊密に情報連携し、インシデントやそれにつながる可能性のある何かが起きた際に連携し、対処する場が必要との考えが、日本国内のCSIRTの間で共有されていった。これが、2007年3月の日本シーサート協議会（NCA：Nippon CSIRT Association）発足につながっている[3]。

次は、NCAの設立発起人となった6つのCSIRTであり、（ ）内はチームの所属組織を指す（チーム名のアルファベット順）。

- HIRT（株式会社日立製作所）
- IIJ-SECT（株式会社インターネットイニシアティブ）
- JPCERT/CC（一般社団法人JPCERTコーディネーションセンター）
- JSOC（株式会社ラック）
- NTT-CERT（日本電信電話株式会社）
- SBB-SIRT（ソフトバンクBB株式会社）

当初6チームでスタートしたNCAも初めは会員数の伸びが緩やかだったが、2013年以降大きく数を増やし、2016年9月1日現在、177チームとなっている（図1-5）。2013年を境に会員数が増えたのは、内閣サイバーセキュリティセンターが2012年に発行した「政府機関の情報セキュリティ対策のための統一基準群」[4]に、CSIRTの必要性が記述されたためと思われる。またその少し前、防衛産業を標的にしたサイバー攻撃が発生したことや、情報漏洩事故

---

3) http://www.nca.gr.jp
4) http://www.nisc.go.jp/active/general/pdf/kijun_gaiyou.pdf

図1-5 NCA加盟数の推移

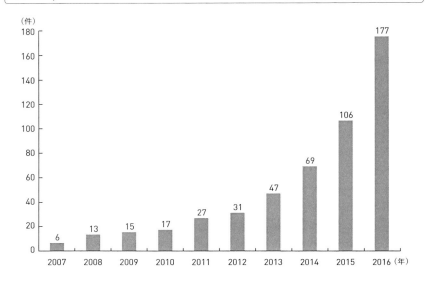

が繰り返し起きたことも、NCAへの加盟が増えた要因の1つであろう。図1-6は、本文で言及した事柄を中心に、インターネット界とCSIRTの主な出来事をまとめた年表である。

1.2.2　CSIRTのコンセプト

　情報セキュリティ対策は、今や組織の事業継続にとって必要不可欠であり、世界的にも重要な課題の1つとされている。「情報セキュリティマネジメント」とは、情報セキュリティの確保に組織的かつ体系的に取り組むことである。これは自分たちの組織をどのような脅威から、どのようにして守るかを示した、セキュリティ指針としての「情報セキュリティポリシー」に基づいて進められる。

　「情報セキュリティマネジメントシステム」（ISMS：Information Security Management System）は、情報セキュリティマネジメントを効率的に行うため

図1-6 CSIRTの歴史

インターネット界の主な出来事		CSIRTの主な出来事
Morrisワーム事件	1988	CERT/CC設立
Wankワーム事件 ネットワークアドレス調整委員会、IPアドレスの割り当てを開始	1989	
	1990	FIRST設立
	1996	JPCERT/CC設立
	1998	JPCERT/CC、FIRSTに加盟 HIRT設立
Melissaウイルス事件	1999	
Code Redワーム事件 Nimdaワーム事件	2001	IIJ-SECT設立
	2002	IIJ-SECT、FIRSTに加盟
	2003	JSOC、FIRSTに加盟 NISC、FIRSTに加盟
	2005	HIRT、NTT-CERT、SBB-SIRT（現 SoftBank CSIRT）、FIRSTに加盟
	2007	6チームによりNCA設立

の仕組みである。ISMSの構築方法と認定基準は世界的に規格化されており、日本国内ではJIS Q 27001：2014（標題は「技術情報—セキュリティ技術—情報セキュリティマネジメントシステム——要求事項」）[5]として、「附属書A.16」にインシデント対応に関する記載がある。また、第三者によるISMSの認定制度として

---

5) http://www.isms.jipdec.or.jp/std/

図1-7 情報セキュリティマネジメントシステムのPDCA

は、一般財団法人日本情報経済社会推進協会（JIPDEC）が「ISMS適合性評価制度」を運営している。日本は諸外国に比べるとISMS認定の取得数が多い。

事故防止と情報セキュリティの管理の枠組みとしての情報セキュリティマネジメントシステムにおいては、「PDCAサイクル」を回し、この枠組みの質の向上を図る。PDCAとは、計画（Plan）、実行（Do）、点検（Check）、改善（Act）の4つのステップである（図1-7）。

ところで、コンピュータセキュリティのインシデントは常に起こり得るものであり、いつ、どのような規模で何が起こるか、予測することは難しい。インシデント対応を活動の大きな柱に掲げるCSIRTは、事故前提の考えに則した組織であり、CSIRTが常に脅威情報を収集し、インシデントに関わる問題について対応することにより、大きなインシデントが起こった場合でも冷静かつ適切な対応ができるようになる。情報セキュリティの管理向上には、効果的なPDCAサイクルが欠かせないが、インシデント対応の即戦力として、CSIRTの存在が重要なのは言うまでもない。それは、インシデントをきっかけに誕生し、発展してきたCSIRTの歴史を見ても明らかである。

CSIRTの「T」はチームの「T」であり、CSIRTの重要なコンセプトの1つとして、皆で協力して対応する「チーム」を意図する側面がある。その一方で、組織内での位置付けや人員配置の問題、世界初のCSIRTであるCERT/

CCが「T」の文字を使っていたこともあり、組織としての「T」が強調されている部分も大きい。しかし、重要なことは、「組織としてのチーム」であることにこだわるのではなく、インシデント対応のためにはどのような「機能」が必要で、その機能をどのように実装していくのかという視点でCSIRTを構築し、維持していくことである。

CSIRTの主な役割と業務は以下のとおりである。

- 連絡窓口：自組織内外における連絡
- インシデント対応：CSIRTの主たる業務。対応の方法や範囲は各CSIRTによって異なる
- 情報収集：脆弱性や脅威に関する情報収集
- 脆弱性分析：公開された脆弱性に潜在するリスクや、起こり得る問題の分析
- フォレンジック（コンピュータに関する法科学捜査）：インシデントの対象となったシステムやネットワークの分析

また、「連携」もCSIRTの大切な役割である。これには自組織外との連携だけでなく、自組織内の様々な部門との連携も含まれる（図1-8）。ではなぜ自組織内外の連携が大切なのか、その理由を示していきたい。

まず自組織外との連携であるが、インシデントは自組織外の他組織からの連絡で気づくことも多く、ほとんどと言われることもある。また、インターネットの世界には国境がない。自組織で発生しているインシデントは、遠く海外に端を発しているかもしれないし、逆に、自組織内のサーバが世界のどこかでインシデントを引き起こす可能性もある。なお、海外の組織との連携には、言葉や文化の違いに起因する問題も絡んでくるため、こうした壁を乗り越える場として、FIRSTなどCSIRTの国際的なコミュニティに参加するのも1つの方法である（自組織外との連携の詳細に関しては、112ページの「2.5 対外連携」を参照のこと）。

また、自組織内の連携も重要である。CSIRTは情報がすべてと言っても過

図 1-8 CSIRTの連携

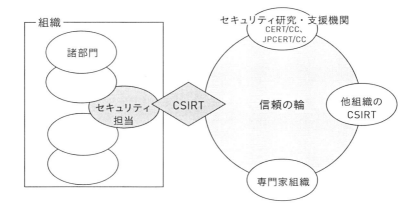

言ではない。問題を早期に発見し、インシデント発生時に素早く対処するためにも、日頃から各部門とスムーズに情報交換できる関係を築き、いざというときに協力を得られるようにしておくことが重要である。たとえば、ある部門のセキュリティに関してキー・パーソンになり得る人物は、部門の業務内容のみならずセキュリティについてもよく心得ているし、何らかの課題意識を持っているだろう。そうした人々から協力が得られれば、インシデント対応だけでなく、CSIRT活動の様々な面で大きな力になるだろう。

1.2.3 CSIRTの業務

図1-9はインシデントマネジメントの説明である。

CSIRTの業務は、インシデント対応が中心であるが、同時にCSIRTはインシデントマネジメント全般について、少なくとも助言できる、理想的には中心的な立場にあることが求められる。実際、大きなインシデントは頻繁に起こるわけではないので、平常時はインシデントマネジメントに携わるのが一般的である。特に、コンピュータセキュリティの啓発や脆弱性への対応は、普段、多くのCSIRTが行っているものである。

| 図1-9 | インシデントマネジメント |

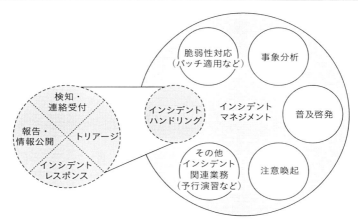

出典：JPCERT/CC「CSIRTマテリアル 運用フェーズ CSIRTガイド」[6]

　また、経営層にはシステム運用が、逆に、システム運用の担当者には組織運営がわかりにくいことが多いことから、CSIRTが経営層と現場の間に入って通訳のような役割を担う場合もある（図1-10）。

　インシデントは自組織の内外を問わずに起きる。直接的に関係のない他組織が関与していると思われるインシデントが起きたり、他組織に支援を要請する必要に迫られたりした場合に、CSIRTは自組織外との調整役を務める。

　CSIRTがセキュリティ対応を行う、つまり守る対象となる組織やシステムや人は、CSIRTの専門用語で「コンスティチュエンシー（Constituency）」と呼ばれる。また、コンスティチュエンシーに対してCSIRTが提供する役務（CSIRTの活動）が、「サービス（Service）」と呼ばれることから、日本ではコンスティチュエンシーを「（CSIRTの）サービス対象」と表現することがある。

　図1-11はCSIRTが提供する代表的なサービスである。

　この図からもわかるように、CSIRTはインシデントハンドリング以外にもセキュリティに関する様々な役務を担う。ここで重要なことは、これらの役

---

[6] https://www.jpcert.or.jp/csirt_material/operation_phase.html

図1-10 CSIRTの役割

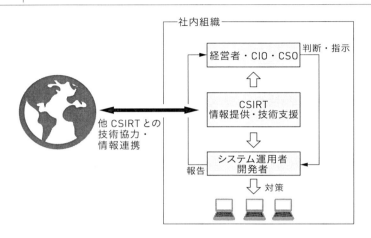

務のすべてを担うCSIRTは存在しないという点である。どのCSIRTも、求められる役割や現状の体制、対応の優先度などを踏まえて必要な役務を選択している。CSIRTはセキュリティ関連のすべてを任される傾向にあるが、いわゆる「なんでも屋」になってしまっては、すべての業務が中途半端なものになる恐れがある。とりわけ、スタートしたての新しいチームでは、やるべき業務を限定しておくことが重要である。

図1-12は、CSIRTがインシデント発生の連絡を受けてから解決に至るまでの流れを、おおまかに示したものである。また、CSIRTは様々な組織や人などから情報を収集する（図1-13）。そのためには間口を広く保ち、特に自組織外の他組織からスムーズに連絡が入るようにしておかなければならない。一方、自組織内においてもユーザが状況報告しやすい環境を整える必要がある。

CSIRTでは、インシデントの通報を受けたり検知したりすると、まず対応すべき案件かどうかを判断する。この選別作業を「トリアージ (triage)」と呼ぶ。トリアージとは、もともと、大規模な事故や災害などで多数の傷病人が出た際に、症状の重さで治療や搬送の優先度を決め、選別することを意味

図1-11 CSIRTのサービス

事後対応型サービス	事前対応型サービス	セキュリティ品質管理サービス
・アラートと警告 ・インシデントハンドリング 　－インシデント分析 　－オンサイトでのインシデント対応 　－インシデント対応支援 　－インシデント対応調整 ・脆弱性ハンドリング 　－脆弱性分析 　－脆弱性対応 　－脆弱性対応調整 ・アーティファクトハンドリング 　－アーティファクト分析 　－アーティファクト対応 　－アーティファクト対応調整	・告知 ・技術動向監視 ・セキュリティ監査または審査 ・セキュリティツール、アプリケーション、インフラおよびサービスの設定と保守 ・セキュリティツールの開発 ・侵入検知サービス ・セキュリティ関連情報の提供	・リスク分析 ・ビジネス継続性と障害回復計画 ・セキュリティコンサルティング ・意識向上 ・教育、トレーニング ・製品の評価または認定

注：CERT/CC作成の表[7]をもとに作成

する医療用語である。次に、図1-14にインシデント対応の流れを示す。

　CSIRTが対応すべきインシデントと判断すれば、解決に向けた活動、すなわちインシデント対応が始まる。インシデント対応は、状況分析、対応のための計画立案、実際の対応、調整作業のサイクルを繰り返す。この流れの中で、「注意喚起」や「アドバイザリ」の形でインシデント情報を発出する。また、インシデントが1つの組織で完結することはほとんどないため、自組織外の他組織との連携のもとで対応作業が行われる。

　自らインシデント対応を行うのではなく、各部門との調整など、支援中心のCSIRTも多い。そのような組織では主にシステムの運用者や管理者がインシデント対応を行っている。

　大きな組織ではCSIRT以外にもセキュリティオペレーションセンター（SOC：Security Operation Center）がインシデントの検知を行っている。CSIRTは

---

[7] http://www.cert.org/incident-management/services.cfm

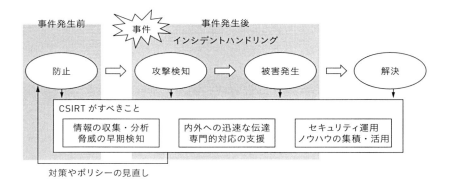

図1-12 インシデントの流れ

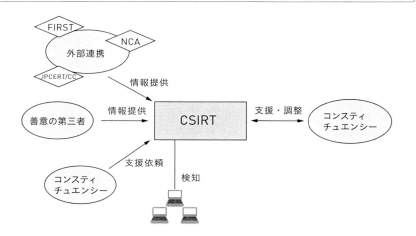

図1-13 CSIRTを中心としたインシデント対応

このSOCとも連携する必要がある。また、CSIRTがSOCの機能を持つこともある。

　セキュリティインシデントのすべての原因が必ずしも解明できるとは限らない。しかし原因不明のままでは、案件をクローズする（対応完了とする）のはためらわれるものである。案件がうやむやのうちに終わるのを避けるに

図 1-14 インシデント対応の流れ

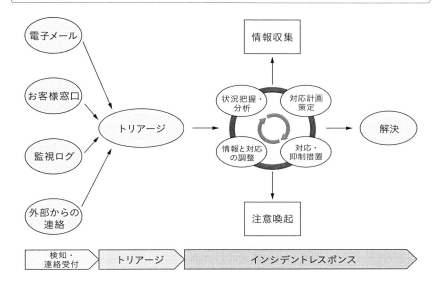

は、案件終了のための基準を設け、完全な解明ができなかった場合を含めて1つ1つ確実にクローズさせることが重要である。

なお、インシデント対応の他にCSIRTが実施すべき役務としては、自組織で使用しているシステムの脆弱性に対応する「脆弱性ハンドリング」、セキュリティ教育やインシデントマネジメントの重要性啓発などを行う「教育啓発」、セキュリティの技術動向や発生中のセキュリティ問題などを分析して自組織に周知させる「脅威等情報共有」がある。

■コラム　CSIRTとレジリエンス

　レジリエンス（resilience）という用語がある。この用語には、「弾力、弾性、（元気の）回復力」などの意味があるが、この訳語ではしっくりこないため、カタカナの「レジリエンス」のまま使用されることが多い。「レジリエンスエンジニアリング」は、組織のレジリエンスを実現するための方法である。状況が変化しても、組織や技術システムが活動を維持できる能力（レジリエンス）を重視する手法として、レジリエンスエンジニアリングの研究は、近年、学術分野の1つに成長しつつある。

　『レジリエンスエンジニアリング──概念と指針』（Erik Hollnagel、David D. Woods、Nancy Leveson編著、北村正晴監訳、日科技連出版社、2012年）では、安全に対する認識を2つに分類している。1つは、事故やエラーの原因は各インシデントに固有のものであり、原因を取り除くことによって安全性は改善されるという認識である。もう1つは、失敗はいくつもの条件が重なった結果であり、事故は起こり得るものなのだから、レジリエンスを向上させることが重要だという考え方である。レジリエンスエンジニアリングは後者の認識に基づいている。

　CSIRTはレジリエンスを体現したチームであるべきであり、CSIRTとして自組織のレジリエンスに貢献することが最も重要な目的と言えるだろう。

第2章 構築と運用

CSIRTの構築と運用を考える際にカギとなるのが、「組織」「人材」「プロセス」「設備やシステム」の4つの視点である。本章では、これらの視点からCSIRTの構成と運用について解説したい。

　インシデント対応時に機能するCSIRTを構築し、運用するためには、自組織内におけるCSIRTの明確な位置付けや適切な人材の配置が不可欠であり、役割を遂行するためのプロセスや設備やシステムの整備が必要となる。重要なのは、CSIRTの役割を確定すること、そして必要なスキルを有する人材を育成することである。そのためには自組織のCSIRTの目的や役割に応じて担うべき役務を決定し、その役割を担う人材を、戦略的かつ計画的に集めなければならない。

　役務を決定する際には、「CSIRTで保有する役割」「外部委託する役割」の分類を行い、さらに現時点で担うべき役割を把握し、中長期的に担うべき役割を決定する、もしくは検討、決定するタイミングを設ける。そしてその決定をもとに、どのようなスキルを持つ人材を中長期的に見出し、育成していくかもあわせて検討し、実行に移す。

　外部委託を行うと決定した役割についても、実現するための要素を正しく理解し、委託先と対話ができる人材が必要である。このことは見落とされがちな部分であるため、留意してほしい。たとえば、委託先からCSIRTに提出される報告書の内容を理解し、業務に取り入れられないようでは、費用をかけて外部委託を行った意味がない。そして、集めた人材が疲弊することのないように、業務プロセスおよび業務に使用する設備やシステムの整備はもちろんのこと、人材に対するケアも行わなければならない。

　どこか一部に負荷がかかり、かつ報われないようなCSIRTは、早晩破綻をきたす。本章の内容を熟読して構築と運用を行ってほしい。

2.1 組織

　自組織にCISRTを構築する際、経営方針との整合性を確保することに加え、後述の「2.1.2 運用」を参考に、運用フェーズにスムーズに移行させることが重要である。

2.1.1 構築

CSIRT構築は次に示す方針のもとに行われなければならない。

（1）経営層によるCSIRTの任命
（2）CSIRTの目的
（3）CSIRTの業務範囲
（4）CSIRTが担う役務
（5）CSIRTに付与する権限
（6）CSIRTに期待される役割
（7）CSIRTが対象とするインシデント
（8）自組織におけるCSIRTの位置付け、メンバー構成

（1）経営層によるCSIRTの任命
　サイバー攻撃から自組織を守るためには、経営層から理解を得ることが重要である。ここで言う理解とは、次の3つである。
① 経営層がサイバー攻撃を経営リスクとして認識すること。
② 経営層が経営方針やセキュリティポリシーに基づき、CSIRTに命じる役務を決定すること。
③ 経営層がCSIRTを正式に任命し、CSIRTが役務を遂行するために適切な予算と権限を与え、組織横断的なセキュリティ対策を実現すること。

(2) CSIRTの目的

　CSIRTを構築する目的は、企業や組織によって様々である。顧客向けに提供しているWebサイトのインシデント対応、顧客のシステムを構築するためのセキュリティ品質の向上、自社グループ全体のセキュリティレベルの向上など、それぞれに違いがある。

　CSIRTを構築する際には、その「目的」を明確にし、ミッション・ステートメントとして書き出しておくことが重要である。これは経営層の理解を得るためだけでなく、CSIRTの構築後に新たに加わるメンバーにそもそもの構築の目的を伝える上でも必要となる。

> ▶ ミッション・ステートメントの例
> - 顧客に提供するサービスや社内システムのセキュリティを確保し、セキュリティインシデントが発生した際に対応する。
> - インターネットを介した攻撃など、自組織外の他組織との連携が必要な際に対外的な窓口となり、信頼される組織となることを目的とする。
> - 自社グループ内で発生したセキュリティインシデントへの対応を支援し、被害を最小限にとどめる。

　なお、「CSIRTを構築する目的」については、JPCERT/CCの『CSIRT記述書』[1]も参考になるだろう。

(3) CSIRTの業務範囲

　CSIRTを構築し、担うべき役務を明確にし、何を守るためにCSIRTを構築するかを検討する。セキュリティ侵害を引き起こす可能性のあるインシデントに事前に備えておくことがCSIRT構築の目的である。インシデントにはフィッシングサイト、Webサイト改ざん、マルウェアサイト、スキャン、

---

1) https://www.jpcert.or.jp/csirt_material/files/16_csirt_description_form_20151126.docx

DoS/DDoS、制御システム関連インシデント、標的型攻撃など様々なものがあり、これらのサイバー攻撃に備える必要がある。

> ▶CSIRTが守るべき対象の例
> - 自社開発製品のセキュリティ品質
> - 自社が構築した顧客のシステム
> - 自社内インフラ
> - 自社グループ各社の社内インフラ など

CSIRTが守るべきもの(サービス対象)によって、CSIRTを次のように分類することができる。

> ▶CSIRTの分類
> - 組織内CSIRT (Internal CSIRTs)
>   サービス対象はCSIRTが属する組織の人、システム、ネットワークなど。組織に関わるインシデントに対応する。「企業内CSIRT」とも呼ばれる。
> - 国際連携CSIRT (National CSIRTs)
>   サービス対象は(広義の)国や地域。国を代表するインシデント対応のための連絡窓口として活動する。
> - コーディネーションセンター (Coordination Centers)
>   サービス対象は協力関係にある他のCSIRT。インシデント対応においてCSIRT間の情報連携、調整を行う。グループ企業間の連携を担当する。
> - 分析センター (Analysis Centers)
>   サービス対象は親組織、国や地域。インシデントの傾向分析やマルウェアの解析、侵入など、攻撃の痕跡を分析し、必要に応じて注意喚起を行う。独立組織の場合もあるが、CSIRT内の一機能として設けられる場合も多い。

- ベンダチーム (Vendor Teams)
  サービス対象は組織および自社製品の利用者（個人ユーザと法人ユーザの場合がある）。自社製品の脆弱性に対応し、パッチを作成したり、注意喚起をしたりする。組織内CSIRTを兼ねるケースもある。
- インシデント・レスポンス・プロバイダ (Incident Response Providers)
  サービス対象は顧客。組織内CSIRTの機能（の一部）を有償で請け負うサービスプロバイダ。セキュリティベンダ、SOC事業者など。

(JPCERT/CC『CSIRTガイド』[2] p.5–8 より)

　本書で主に紹介するCSIRTは、ベンダチームのような「自社開発製品のセキュリティ品質」を対象とするCSIRTではなく、一般企業において求められる「自社内インフラ」を対象とした「組織内CSIRT」である。

■コラム　CSIRTの分類

　先に紹介したCSIRTの分類は、米国CERT/CCが公開しているCSIRTに関するFAQ (Frequently Asked Questions)[3] の分類に則している。またこれとは別に、FIRSTが公開している「Security Incident Response Team (SIRT) Services Framework」[4] では、次のように分類している。

- National CSIRT
- Critical Infrastructure / Sectoral CSIRT
- Enterprise (Organizational) CSIRT
- Regional / Multi-Party CSIRT
- Product Security Incident Response Team (PSIRT)

　この分類に従えば、本書が主に対象とするCSIRTは「Enterprise (Organizational) CSIRT」である。

---

2) https://www.jpcert.or.jp/csirt_material/files/guide_ver1.0_20151126.pdf
3) https://www.cert.org/incident-management/csirt-development/csirt-faq.cfm
4) https://www.first.org/_assets/global/FIRST_SIRT_Services_Framework_Version1.0.pdf

(4) CSIRTが担う役務

組織内CSIRTが推進するインシデントマネジメントにおけるCSIRT活動には、「事後対応」「事前対応」「セキュリティ品質管理」の3つがある。

> **①事後対応**
> CSIRTの役務として、インシデント被害を局所化することを目的とし、インシデントやインシデントに関連する事象への対応を行う。
>
> **②事前対応**
> インシデントの発生抑制を目的とし、技術動向監視やセキュリティ関連情報の提供などを通じ、インシデント発生の可能性を減少させる。
>
> **③セキュリティ品質管理**
> 社内セキュリティの品質を向上させることを目的とする。CSIRTとしての視点や専門知識での見識を提供することで、リスク分析や教育などの業務を推進する。

CSIRTの業務においてはこれらすべてを実施する必要はなく、状況や必要に応じて取捨選択してよい。

① 事後対応

▶ アラートと警告

セキュリティ上の脆弱性、侵入検知アラート、コンピュータウイルスなどを検知した際にアラートで通知するとともに、問題の対処に関する情報を提供する。

▶ インシデントハンドリング

インシデントハンドリングでは、インシデントやイベントに関して入手できる情報を調査するフェーズである「インシデント分析」や、インシデント

が発生した現地に駆け付け、直接対応を支援する「オンサイトでのインシデント対応支援」、インシデントの回復に電子メールや文書によって遠隔から支援する「インシデント対応支援」、インシデントに関与する関係者同士の調整役となる「インシデント対応調整」などが含まれる。

▶ **脆弱性ハンドリング**

　ハードウェアとソフトウェアの脆弱性に関する情報や報告を受領し、脆弱性の要因や影響範囲の調査、脆弱性の検知とそれへの対応・軽減策を実施する。脆弱性ハンドリングには、ハードウェアやソフトウェアの脆弱性に関する技術的な調査・分析をする「脆弱性分析」、脆弱性を緩和・除去するための判断を行う「脆弱性対応」、脆弱性分析で得られた情報を適切に通知・流通するスキームとしての「脆弱性対応調整」が含まれる。

▶ **アーティファクトハンドリング**

　マルウェアや攻撃スクリプト、エクスプロイト（Exploit）ツールなど、攻撃に使用されるファイルを「アーティファクト」と呼ぶ。アーティファクトハンドリングでは、攻撃に使用されたアーティファクトの調査を実施する。アーティファクトハンドリングには、アーティファクトの技術的な調査・分析を行う「アーティファクト分析」、アーティファクトを検知し、対処する「アーティファクト対応」、アーティファクト分析で得られた軽減情報を適切に通知し、流通させるスキームである「アーティファクト対応調整」が含まれる。

② 事前対応

▶ **アナウンス**（告知）

　新たに発見された脆弱性に対する情報や流行している攻撃手法、技術的動向などを、CSIRTが守る対象である自組織内のユーザやシステム管理者などに通知する。

▶ 技術動向監視
　将来的な脅威に備え、新たな技術開発や侵入活動に関する動向をリサーチする。監視対象はセキュリティに関するメーリングリストやセキュリティ関連のWebサイトなどの技術的分野にとどまらず、国内外の法令・法案、政治的脅威を含む社会的脅威、最新ニュースや雑誌などの記事も含まれる。収集した情報は、必要情報として加工し、注意喚起をはじめとするアナウンスの素材として使用する。

▶ セキュリティ監査または審査
　自組織または該当する他の業界標準で定義された要件に基づき、自組織のセキュリティ対策状況に対する監査または審査を実施する。

▶ セキュリティツール、アプリケーション、インフラなどの設定と保守
　CSIRT自身が使用するツール、アプリケーション、および一般的なコンピュータ設備を安全に設定・保守する方法について適切なガイダンスを提示する。組織によっては、セキュリティ対策機器の保守も含む場合がある。

▶ セキュリティツールの開発
　CSIRTの業務を推進する上で必要となるツールを開発し、自組織内のユーザや管理者に利用してもらう。ツールには、自組織固有の管理ツールなどの開発に加え、パッチの作成、自組織のネットワーク構成を踏まえてカスタマイズした検知用シグネチャなども含む。

▶ 侵入検知
　既存のIDS（Intrusion Detection System、侵入検知システム）ログのレビューと分析、定義した閾値に達しているイベントへの対応を行い、あらかじめ定義された連絡ルートに基づき、イベントの発生を通知し対処を促す。

▶ **セキュリティ関連情報の提供**
　セキュリティの向上に寄与する各種関連情報を提供する。一般的なコンピュータセキュリティに関する情報提供、脆弱性に関するパッチの開発および公開状況、CSIRTで対応したインシデント報告の統計情報などを含む。

③ セキュリティ品質管理
▶ **リスク分析**
　攻撃の脅威や情報資産に対するリスクを評価する。たとえば、対象となるシステムやサービスにおいて発生する可能性のあるインシデントに対するセキュリティ対策状況を評価する。

▶ **事業継続と障害復旧計画**
　経営に深刻な影響をもたらすインシデントが発生する可能性を鑑み、大規模なインシデントが発生した際に、事業を継続するための障害復旧計画を検討する。

▶ **セキュリティアドバイザー**
　サイバー攻撃の発生に備え、自組織の運営に必要なセキュリティ対策への助言を行う。自組織のセキュリティポリシーの策定に関する支援が含まれる場合もある。

▶ **意識向上**
　セキュリティの理解を高めることにより、日常業務を安全に遂行することを目的として、ガイドラインを提供する。これにより自組織内の一般ユーザ（従業員）やシステム管理者自らが攻撃を検知したり、CSIRTに報告したりするなどの対応能力の向上を図る。

▶ **教育/トレーニング**
　集合型研修、個別勉強会、メール配信などで、セキュリティ関連情報を周

知する。具体的な内容として、インシデントの防止・検知・対応に必要な情報提供などが含まれる。

▶ **製品の評価または認定**
　CSIRTまたは自組織のセキュリティ要件に適合していることを保証するために、ツール、アプリケーション、その他のセキュリティサービスを対象に製品評価を実施する。

　これらの「事後対応」「事前対応」「セキュリティ品質管理」の役務については、『コンピュータセキュリティインシデント対応チーム（CSIRT）のためのハンドブック』[5]も参照するとよい。
　CSIRTの構築においては、上述の役務のうち、どの役務を担うのかについて決定しなければならない。国内で活動するCSIRTの多くは、インシデントハンドリングおよび脆弱性ハンドリングを主な役務としている。
　インシデントハンドリングを役務とする場合、少くともセキュリティインシデントに関する情報を組織の内外から受け付ける窓口を整備しておく必要がある。これにより、セキュリティインシデントに関連する対外的な情報交換に対して一元的対応が可能となり、その結果、インシデント対応を円滑に進めることが可能になる。
　CSIRTの役務は各組織の活動形態によって異なるため、一概に決められるものではない。上述の「事後対応」「事前対応」「セキュリティ品質管理」に対し、自組織の置かれている状況を考慮した上で、慎重に取捨選択する必要がある。なお、自社製品としてハードウェアやソフトウェアを提供する企業では、自社製品の脆弱性への対応についても検討する。繰り返しになるが、これらの役務を担うべき理由について経営層に説明し、理解を得ておく必要がある。

---

[5]　https://www.jpcert.or.jp/research/2007/CSIRT_Handbook.pdf

(5) CSIRTに付与する権限

　影響が広範囲にわたり、対応の緊急度が非常に高いセキュリティインシデントも存在する。影響範囲を拡大させないために、対象となるシステムの停止を判断しなければならない場合もある。こうした場合、CSIRTにはシステムを停止するための権限、あるいはシステムを停止するための助言を与える権限が必要となる。

　これらの権限については、システムを停止する権限であっても、またシステムを停止するための助言であっても、経営層が有する権限が適切に移譲されていなければならない。実際、影響範囲が広い脆弱性情報が発覚した際、システムを停止してパッチを適用させる権限を有するCSIRTも存在する。

　このような場合、適用するまでの時間（営業日）、CSIRTが有する権限、およびそれを行使するための適切な条件などを規程類に記載しておくことが望ましい。

(6) CSIRTに期待される役割

　CSIRTに求められる役割は、発生したインシデントに対応するための技術的なスキルや要素だけではない。インシデントの発生を未然に防ぐための情報連携であっても、自組織内の他部門や自組織外の他組織との協力関係が必要とされる。また、自組織の現状を踏まえた上で、適切な状況判断をしなければならず、この判断は、インシデント発生時の対応チームの体制を決定する際にも求められるものである。

　インシデント発生時のチームを構築する際には、自組織の要件や利用可能なリソースと照らし合わせて慎重に検討した上で、要員を配置する。

　CSIRTはインシデント対応時の活動が主であるが、自組織内の連絡体制だけでなく、自組織外との連絡・調整を遂行する上でも重要な役割を果たす。CSIRTはその中心的役割として位置付けられているため、日頃から部門間の連携だけでなく、自組織外との情報連携・協力関係も重視される。これらの関係は、インシデントが発生した際の事後対応のみを行っていては得ることができない。このことが、CSIRTの運用においてインシデント発生時の

みならず、インシデントが発生していない平常時の運用も重要とされることにつながっている。

特にCSIRT間の連携について補足すると、インシデント発生の有無によらず、発生したインシデントやインシデントの発生につながるような兆候について、日頃から他のCSIRTや関連組織と情報連携を行う必要がある。

これから構築されるCSIRTにおいては、CSIRT同士の連携を明確に定義することが求められている。その際、協力関係にある相手のCSIRTの能力や、自組織の顧客と当該CSIRTとの関係についても明らかにしておく。これは、発生したインシデントに関する情報を適切に取り扱うための必須条件であり、この一連の流れを怠ると、意図しない経路でインシデントの発生情報を受領することになる。さらに、それらの情報が信頼性に欠ける場合、適切に対応することができなくなり、結果的にCSIRTへの期待を裏切ることになってしまう。

また、対応すべきインシデントや脆弱性情報が国や地域をまたがる場合を想定し、日本国内だけでなく海外のCSIRTと情報連携を行う体制や、海外との調整機関であるJPCERT/CCに支援を要請する体制についてもあらかじめ定めておく。

(7) CSIRTが対象とするインシデント

CSIRTが対応しなければならないインシデントには、様々なものが存在する（表2-1）。

コンピュータセキュリティインシデントが情報セキュリティ侵害を引き起こすような事象であるとするならば、表2-1に挙げたインシデントの分類に「未遂に終わったもの」を加えることで、現在のサイバー攻撃で発生するインシデントは基本的に網羅できる。次に代表的なインシデントを紹介する。

① フィッシングサイト

「フィッシングサイト」とは、銀行やオークションなどのサービス事業者の正規サイトを装い、利用者のIDやパスワード、クレジットカード番号など

表2-1　一般的なインシデントの大別

プローブ、スキャン、そのほか不審なアクセス	・弱点探索（サーバプログラムのバージョンのチェックなど） ・侵入行為の試み（未遂に終わったもの） ・ワームの感染の試み（未遂に終わったもの）
サーバプログラムの不正中継	・メールサーバやプロキシサーバなどの、管理者が意図しない第三者による使用
不審なアクセス	・From:欄などの詐称
システムへの侵入	・システムへの侵入、改ざん（rootkitなどの専用ツールによるものも含む） ・DDoS攻撃用プログラムの設置（踏み台）
サービス運用妨害につながる攻撃（DoS）	・ネットワークの輻輳（混雑）による妨害 ・サーバプログラムの停止 ・サーバOSの停止や再起動
コンピュータウイルス・ワームへの感染	
その他	・UCE（いわゆるSPAMメール）の受信

出典：NCA『CSIRTスタータキット』[6] 表3「一般的なインシデントの大別」

の情報をだまし取る「フィッシング詐欺」に使用されるサイトを指す。たとえば、金融機関やクレジットカード会社などのサイトに似せたWebサイトだけでなく、フィッシングサイトに誘導するために設置されたWebサイトなども「フィッシングサイト」として取り扱われることがある。

② Webサイト改ざん

「Webサイト改ざん」は、攻撃者やマルウェアなどによって悪意のあるスクリプトやiframeなどが埋め込まれたサイト、SQLインジェクション攻撃によって情報が改ざんされたサイトなど、攻撃者もしくはマルウェアによって、Webサイトのコンテンツが書き換えられた（管理者が意図したものではないスクリプトの埋め込みを含む）サイトである。

---

[6] http://www.nca.gr.jp/imgs/CSIRTstarterkit.pdf

③ マルウェアサイト
「マルウェアサイト」は、閲覧者のPCをマルウェアに感染させようとするサイト、攻撃者によってマルウェアが公開されているサイトなど、閲覧することでPCがマルウェアに感染してしまう攻撃用サイトや、攻撃に使用するマルウェアを公開しているサイトである。

④ スキャン
「スキャン」とは、サーバやPCなどの攻撃対象となるシステムの存在確認やシステムに不正に侵入するための弱点（セキュリティホールなど）探索を行うために、攻撃者によって行われるアクセス（システムへの影響がないもの）を指す。また、マルウェアなどによる感染活動も含む。次に示すような事象が「スキャン」に含まれる。

- 弱点探索（プログラムのバージョンやサービスの稼働状況の確認など）
- 侵入行為の試み（未遂に終わったもの）
- マルウェア（ウイルス、ボット、ワームなど）による感染の試み（未遂に終わったもの）
- ssh、ftp、telnetなどに対するブルートフォース（総当たり）攻撃（未遂に終わったもの）

⑤ DoS/DDoS
「DoS/DDoS」とは、ネットワーク上に配置されたサーバやPC、ネットワークを構成する機器や回線などのネットワークリソースに対して、サービスを提供できないようにする攻撃を指す。次に示すような事象が「DoS/DDoS」に含まれる。

- 大量の通信などにより、ネットワークリソースを枯渇させる攻撃
- 大量のアクセスによるサーバプログラムの応答の低下、もしくは停止

- 大量のメール（エラーメール、SPAMメールなど）を受信させることによるサービス妨害

⑥ 制御システム関連インシデント

「制御システム関連インシデント」とは、制御システムや各種プラントが関連するインシデントを指す。

- インターネット経由で攻撃が可能な制御システム
- 制御システムを対象としたマルウェアが通信を行うサーバ
- 制御システムに動作異常などを発生させる攻撃

⑦ 標的型攻撃

「標的型攻撃」とは、特定の組織、企業、業種などを標的として、マルウェア感染や情報の窃取などを試みる攻撃である。

- 特定の組織に送付された、マルウェアが添付されたなりすましメール
- 閲覧する組織が限定的であるWebサイトの改ざん
- 閲覧する組織が限定的であるWebサイトになりすまし、マルウェアに感染させようとするサイト
- 特定の組織を標的としたマルウェアが通信を行うサーバ

⑧ その他

上記以外のインシデントの事例としては、次のような事象がある。

- 脆弱性を突いたシステムへの不正侵入
- ssh、ftp、telnetなどに対するブルートフォース攻撃の成功による不正侵入
- キーロガー（キーボード入力監視）機能を持つマルウェアによる情報の

窃取
- マルウェア（ウイルス、ボット、ワームなど）の感染

(JPCERT/CC『インシデント報告対応レポート』[7] 付録–1 インシデントの分類をもとに作成）

　次に、実際に発生したインシデントの報告件数（図2-1）およびインシデント種別の割合（図2-2）を示す[8]。

　なお、「業務で使用するスマートフォンのマルウェア感染」や「パスワードリスト攻撃」など、上述の分類以外にもインシデントと呼ばれる事象が存在する。また、上述の分類に「外部からの攻撃者」と「内部者による犯行」という視点を加えることで、事象の発生する範囲想定にも利用できる。インシデントの分類においても、CSIRTが担う役務と同様に、自組織の状況について正しく考慮した上で定義しなければならない。

　ここで、先に列挙したインシデントが発生し、CSIRTが対応している状態を「インシデント対応時」、対応するインシデントが発生していない状態を「平常時」と定義する。しかし、インシデント対応時と平常時を正確に区別することは難しく、平常時からインシデント対応時に切り替える判断を下すことも実際にはとても難しい。このため、CSIRTの構築の際に、平常時からインシデント対応時に切り替える際の判断基準を明確にしておかなければならない。

　CSIRTが提供する3つの役務のうち、「事後対応」はインシデント対応時、「事前対応」と「セキュリティ品質管理」は平常時に分類できる。このようにCSIRTの業務においては、インシデント対応時のみならず平常時の活動もきわめて重要である。

---

7) https://www.jpcert.or.jp/ir/report.html
8) https://www.jpcert.or.jp/ir/status.html

図2-1 インシデント報告件数（2016/03/31現在）

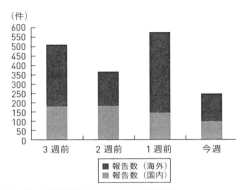

出典：JPCERT/CC『インシデント対応状況』インシデント報告件数

図2-2 インシデント種別割合（2016/03/31現在）

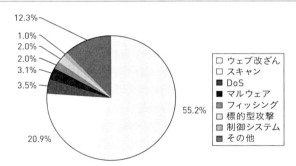

出典：JPCERT/CC『インシデント対応状況』インシデント種別割合

(8) 自組織におけるCSIRTの位置付け、メンバー構成

　CSIRTを自組織にどのように位置付け、どのメンバーで構成するかの決定は極めて難しい課題である。CSIRTの構成要素は先述のように、組織によって大きく異なり、担当業務もそれぞれ異なる。業務が異なれば、構成要員も自ずと変わることになる。

　CSIRTをどのようなチームで構成するかに関しては、「実組織を構成する形態」「実組織を構成せず、既存の部門に業務や役割を配備する形態」「実組

図2-3　CSIRTの構成イメージ

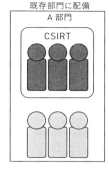
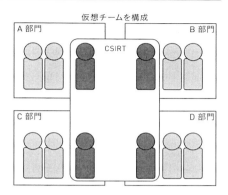

織を構成せず、複数部門に所属するメンバーを招集して仮想的なチームを構成する形態」の3つが紹介されることが多い（図2-3）。

① 実組織を構成する形態

「サイバーセキュリティ対策室」や「システム管理部」など特定の部門をCSIRTとして位置付け、組織体制上、CSIRTを明記する形態である。すでにセキュリティ対策部門としての職務分掌を有していた部門をCSIRTとして位置付けることもある。この形態では、旧組織に所属していたメンバーを専任メンバーとして構成することもある。

② 実組織を構成せず、既存の部門に機能を配備する形態

　情報システム部門やセキュリティ対策部門など、既存の部門に「CSIRTの役割」を配備してCSIRTとして位置付ける形態である。自組織内でCSIRTの名称や職掌が明確に定義されていない場合や、CSIRTの立ち上げ当初にこの形態をとることが多い。この形態であっても、対外的な窓口としての役割が求められる。

③ 実組織を構成せず、複数部門からメンバーを招集して仮想的なチームを構成する形態

　上述のように特定の部門をCSIRTとして位置付けるのではなく、複数の部門に所属するメンバーをCSIRTメンバーとして割り当て、仮想的なチームを構成する形態である。この形態では、平常時とインシデント対応時のいずれにおいてもCSIRTの業務を遂行するメンバーもいれば、インシデント対応時にのみCSIRTとして活動するメンバーもいるといったように、複数のタイプのメンバーで構成されることになる。

　なおCSIRTを構成するメンバーは、必ずしもCSIRTが所属する親組織の従業員である必要はない。外部のセキュリティ専門事業者の協力を得て、立ち上げの支援を受ける場合もある。また特定のCSIRTでは、自組織内の従業員のスキルセットでは充当できない場合がある。このような場合、セキュリティ専門事業者が提供するアウトソーシングサービスを活用することも必要となる（詳細は、「2.2.3　自組織で備えるべき役割とアウトソース可能な役割」を参照のこと）。

ここまでのまとめ

　ここであらためて強調するが、「CSIRTを構築すること＝専任部門で構成すること」ではない。これまで説明したように、CSIRTの目的は、サイバー攻撃によるリスクを顕在化させないために適切に機能することにある。そのため、必ずしも専任部門を設置する必要はなく、チームとしての役割を果たすことが重要なのである（章末のコラム「CSIRTにおけるcapabilityとcapacity」を参照のこと）。

　担当する業務の質や量によってもチーム構成は変わってくる。また、平常時およびインシデント対応時のすべてをCSIRTだけで実施するわけではなく、必要に応じて自組織内の関連部門と連携して対応するため、自組織全体がCSIRTを構成する仮想チームといっても過言ではない。これまでも説明してきたように、CSIRTを構築する際には、経営層の理解のもとで、明確な

方針を持たなければならない。

セキュリティポリシーの見直しと規程類の整備

　最後に、経営層がCSIRTを理解していることを自組織内に示すためのセキュリティポリシーの見直しと、規程類の整備について説明したい。

　サイバー攻撃によるリスクを顕在化させないため、経営層がCSIRTに求める役割を明確化した8項目を紹介した。しかし、これらの役割を果たすために既存のセキュリティポリシーや規程類と整合性がとれなければ、CSIRTの活動に大きな制約となるだけでなく、自組織内に大きな混乱を招きかねない。そのため、CSIRTの果たすべき役割を経営層が正しく理解していることを示し、CSIRTの業務を円滑に推進するために、既存の規程類を改定しなければならない。

　最初に見直すべき規程類はセキュリティポリシーである。なぜCSIRTを構築する必要があるのかについては先に説明した通りだが、CSIRT構築の目的をセキュリティポリシーに追記する必要がある。その際、CSIRTが自組織でどのように位置付けられているか、どのような部門やメンバーで構成されているかを記述しておいたほうがよい。

　さらに、「CSIRTに付与される権限」および「CSIRTに期待される役割」を記述する。セキュリティインシデントが発生した際、自組織内のユーザ（従業員）はCSIRTに連絡（通報・報告）することになるが、CSIRTは何をしてくれるのか、なぜCSIRTに連絡しなければならないのか、CSIRTに連絡することのメリットは何か、といった疑問を持つユーザもいるだろう。こうした問いに答えるために、CSIRTの権限と役割について、セキュリティポリシーに明確に記述する必要がある。

　また、CSIRTが対応するインシデントについても述べておきたい。CSIRTは必ずしも自組織内で発生するすべてのセキュリティ事象に対応するわけではない。PCの盗難や紛失、事業所への入退館などに対応するCSIRTもあるが、そのような物理的セキュリティには対応しないCSIRTもある。このため、対応すべきインシデントについて明確に記述しておく必要がある。ま

た、「CSIRTが対応しないインシデント」についても記述しておけば、ユーザの混乱を防ぐことができる。なお、「CSIRTが対応しないインシデント」については、どこの部門が対応するのかを明記しておくことを忘れてはならない。

最後に

　繰り返しになるが、CSIRTの構築には経営層の理解が求められる。しかし、「経営層に理解されている」という片方向の理解だけでは不十分であり、サイバー攻撃に対して経営層が何を求めているかをCSIRTのメンバーも理解した上で活動する必要がある。

　CSIRTは構築することがゴールではない。CSIRTの効率的な活動のためには十分な人的リソース、金銭的リソースが必要である。人的リソースについては、構築当初は自組織外の要員で充当することも考えられるが、インシデント対応経験に基づく自組織独自の知見の蓄積など、CSIRTとしての安定的な運用のためには中長期的には自組織内での人材の育成が必要となる。CSIRTに求められる人材像については、「2.2　人材の定義と育成」を参照してほしい。

2.1.2　運用

　構築したCSIRTを運用フェーズに移行するためには、次に示す項目について準備しておく。

（1）業務時間の定義
（2）情報管理ポリシーの定義
（3）案件管理手法の確立
（4）運用手順書の作成
（5）検証装置の要否および実装
（6）CSIRT要員の教育

(7) CSIRT運用の訓練
(8) CSIRTの周知方法

(1) 業務時間の定義

　まず、インシデントに対応可能な時間をCSIRTの業務時間として定める。自組織内のユーザに合わせて平日9：00 –18：00を業務時間とする場合や、インシデント対応サービスを生業とするCSIRTでは土日祝日を含め24時間365日とする場合がある。自組織の状況に応じて、適切な業務時間を定める。その際、海外から連絡を受けることを想定し、時間表示には必ずタイムゾーン（日本国内であればJST（GMT + 0900））を併記するとよい。

　なお、サイバー攻撃は国境や昼夜、タイムゾーンを問わず仕掛けられるため、自組織におけるインシデント対応時間外に受け付ける方法を確立しておく必要がある。そのための準備を次に示す。

① 連絡窓口の確立

　インシデントの報告を受け付ける窓口を明確にする。インシデント報告は電子メールで連絡を受け付ける方法が一般的である。電子メールであればCSIRTの業務時間外でも受け付けることが可能であり、自組織外の報告者にとってもCSIRTの業務時間を気にせずに報告できるからである。

　また、自組織向けの連絡窓口も明確にしておくとよい。受領した情報の伝達および、インシデント対応への協力を依頼する際の連絡先を明示しておくことで円滑な対応が可能となる。

② コミュニケーション方法の確立

　電子メールを中心とした連絡手段を講じる場合であっても、機微情報を取り扱う際には、PGP（Pretty Good Privacy）などの暗号化による情報の秘匿と電子署名による発信者の真正性の確保について対応できるようにしておく。一般的にCSIRTを構築した際には、自組織外向けの連絡窓口となる電子メールアドレスに対するPGPの秘密鍵および公開鍵を生成しておく。

（2）情報管理ポリシーの定義
　上述の電子メールの暗号化にも関連するが、情報管理ポリシーを定義しておく。

① 受領した情報の取り扱いポリシー
　自組織外のCSIRTや報告者から受領する情報について、どのような形態で保存するか、どこに保管するか、誰がその情報にアクセスできるかを定義する。
　どのような形態で保存するかについては、電子メールで受け取った情報をオリジナルとしてそのままの形態で保管するだけでなく、バックアップとして暗号化されていれば復号し、安全な場所に保管する、必要に応じてインシデント関連情報を格納するデータベースに登録し、受領したドキュメントへのリンク情報のみ保有するなどを検討する。
　どこに保管するかについては、インシデント対応専用の格納場所に保管するのが一般的である。また、組織内OAなど、別経路で受領した情報の場合、インシデント情報の格納場所以外にそれらの情報が存在し続けることの是非について、たとえば消去するなどの対応方法について明確にしておく。また、複数のインシデント間で関連がある場合など、1つの格納場所だけでは格納できないこともあるため、どのような情報単位で保管するのかについても検討する。
　誰がその情報にアクセスできるかについては、格納している情報にアクセスできるメンバーを明確にしておく。インシデントによっては、すべてのCSIRTメンバーに共有できない場合もあるため、情報種別ごとに格納場所を準備しておくだけでなく、受領することが想定される情報に対して情報種別を付与する基準を設けておく。その上で、受領したすべての情報に対して情報種別をラベル付けしておくとよい。

② CSIRTから自組織内を含む外部への情報開示ポリシー
　CSIRTが保有する情報をCSIRT以外の自組織内の部門や自組織外に開示

する場合に備え、CSIRT外部への情報開示ポリシーを策定しておく。

　なお、実際に発生したインシデントにおいて、すべての情報を開示することはめったにない。そのため、組織外に提供することが想定される情報については、あらかじめ提供可能な状態で保管しておくとよい。これにより、CSIRTメンバーが組織外に情報開示する際にアクセス可能な区間についても制限することができ、情報提供時の操作ミスなどによる事故を抑止する効果も期待できる。

　また、CSIRTが所属する親組織の一員であっても、すべての情報を参照できるとは限らない。CSIRTが取り扱うすべての情報は厳密な管理が求められる。自組織内であれ経営層であれ、これらの情報を参照可能な空間に移動・複製することは許されない。意図しない利用者に開示してはならないのである。

　仮に、自組織内のCSIRTメンバー以外にインシデントに関する情報そのものを開示する必要がある場合は、CSIRTの管理区域で参照するだけにとどめ、決して複製されることがないように運用ポリシーを定める必要がある。経営層であっても参照すべきできない他組織の情報もありえることに留意しておく。

(3) 案件管理手法の確立

　CSIRTのインシデント対応においては、インシデントのことを「案件」と呼び、インシデント（案件）に関連した情報を「案件情報」と呼ぶ。案件管理手法とは、このような案件情報をどのような形で管理するかを示すものである。一般的にExcelなどのスプレッドシートで案件管理簿を作成して情報を格納する手法が用いられることが多い。案件数が少ない状況ではこのような管理手法で十分だが、案件が多くなると、この方法では対処しきれない場合もある。

　また、実際にスプレッドシートによる案件管理をあきらめる理由として多いのは、案件の関連性の複雑さを管理できないからというものである。ここで言う「案件の関連性」とは、1つの脆弱性に関連して複数部門の複数シス

テムに対応するような「1つの案件から多数の案件に派生する関連性」や、自組織外からの通知により、自組織が他組織に対する攻撃の踏み台になっていたことが判明したなどの「案件自体が数珠つなぎになっている多重の関連性」を指している。

　スプレッドシートによる案件管理が難しくなった場合には、案件管理システムを導入することが多い。案件管理システムとして具体的にどのツールを選定するかは、インシデント情報の連絡方法や連絡手段だけでなく、取り扱うインシデントの性質によっても変わってくる。詳細は「2.4.1　CSIRT活動に役立つシステム」の (5) 案件管理システムで説明するが、案件管理システムに求める要件を明確にしてからツールを選定することをお奨めする。

(4) 運用手順書の作成

　次に、CSIRTの運用手順書を作成する。作成する運用手順書は、担当する業務や役割によって異なるが、少なくとも「トリアージ手順書」と「インシデント対応手順書」の2点を作成する必要がある。

① トリアージ手順書

　トリアージとは、第1章でも触れたように、大規模な事故や災害などで多数の傷病人が出た際に、症状の重さで治療や搬送の優先度を決め、選別することを意味する医療用語である。インシデント対応におけるトリアージとは、受け付けたインシデント報告に対して、優先順位付けを行うことである。

　トリアージ手順書には、発生したインシデントにおける影響範囲と重要度を判断するための指標を、トリアージ基準として記載する。トリアージ基準は、インシデントごとに作成する。たとえば、発生したインシデントに対する影響度を「高中低」、重要度を「高中低」に分類し、影響度も重要度も「高」であればインシデント「高」とするといったように、インシデントを判断する基準を設けておく。ただしこれはあくまで一例であり、インシデントの判断基準となるトリアージ基準は、自組織の実情にあわせて柔軟に設定してほ

しい。

② インシデント対応手順書
　インシデント対応手順も、運用フェーズに移行するために作成しておく。インシデント対応手順書は、自組織のCSIRTが対応するインシデントの一覧に基づき、各インシデントについて作成する。
　たとえば、不正なサイトへのアクセスが検知された場合、セキュリティ監視チームから連絡を受けた後、該当クライアント端末を特定し、アンチウイルスソフトウェアでフルスキャンする、といった一連の流れを書き記しておく。インシデント対応手順書を作成する際には、インシデントに対応する人物や関連部門をもれなく洗い出して記載する。また、インシデントの状況の変化や、どのような状態になればインシデントの状況が変化したと見なすかについても記しておく。

(5) 検証装置の要否および実装
　CSIRTの業務を進めるに当たって必要となる検証装置は、CSIRTが担当する役務や役割によって異なる。一般的に、検証装置を準備する場合は、次のような環境を個別に構築することが多い。

- 脆弱性を検証する環境
- インシデントが発生した状況を再現する環境
- セキュリティ関連情報を収集するネットワーク環境
- マルウェアの感染活動を調査するためのサンドボックス環境
- マルウェアに感染した疑いのある端末などを解析する環境

① 脆弱性を検証する環境
　脆弱性ハンドリングでは、ハードウェアやソフトウェアの脆弱性に関する技術的な調査、分析を行う「脆弱性分析」を実施する。この分析において、公開された脆弱性を検証するための環境が必要となる。

この環境では、脆弱性の公開と同時に公開されたパッチの適用について、実際にパッチを適用しても問題ないか、パッチを適用したことでどのような影響が生じるか、提供されたパッチが適切に脆弱性を修正することができているかを検証する。
　また、脆弱性の公開時に攻撃コードが公開されている場合には、攻撃コードの有効性や、適用したパッチが適切に攻撃コードを無効化していることを検証する。

② インシデントが発生した状況を再現する環境
　インシデント対応において、発生した事象は特定できても原因が特定できないケースがある。このような場合は、インシデントが発生した状況を擬似的に再現する環境を構築し、いくつかの攻撃手法や攻撃コードを実際に動かしてみることによって、どのような原因でインシデントが発生しているかを確認する。
　たとえば、Webアプリケーションに対する攻撃が成功した場合などは、対象となるWebアプリケーションを実際に稼働させなくても、ソースコードから原因となる該当箇所を突き止められることもある。しかしながらCMS（Content Management System）への攻撃では、特定のWebサーバとアプリケーションサーバ、特定のWebアプリケーションフレームワークとデータベースサーバの組み合わせでなければ攻撃が成功しないことがある。このような場合、インシデントが発生した状況を擬似的に再現し、実際にWebアプリケーションを動作させた状況を作り出すことで、攻撃者がどのような攻撃手法で攻撃したのかを特定しなければならない。
　発生しているインシデントにもよるが、Webサイトへの侵入が行われた場合などは、原因箇所を特定し、攻撃の糸口となる原因を完全に取り除いてからでなければサイトを復旧できない場合もある。このようなインシデントでは、擬似的な環境を構築して原因を特定するやり方もある。

③ セキュリティ関連情報を収集するネットワーク環境

　多くのCSIRTでは、独立したネットワーク環境を構築し、技術動向のリサーチやセキュリティ関連情報の収集を行っている。

　独立したネットワーク環境を構築する理由は、情報収集の作業中に、実際に改ざんされているサイトにアクセスしてしまったり、攻撃者が有する情報にアクセスすることで、自らが攻撃対象となってしまう可能性があるからである。自組織内のOA環境を使用して情報収集するケースでこのような事態が起きると、自組織内のOA環境だけでなく、顧客向けに提供しているWebサイトなどにもインシデントの影響を与えてしまう可能性がある。

　また、インシデントが発生した際に、関連する情報の収集やインシデントが発生しているサイトそのものにアクセスしなければならない状況も存在する。このような場合、自組織を特定されないようにアクセス元を秘匿化することも、独立したネットワーク環境を設ける理由の1つである。

④ マルウェアの感染活動を調査するためのサンドボックス環境

　CSIRTのインシデント対応において、マルウェアの検体を受領して解析を行う場合がある。このようなインシデント対応においては、実際に検体を稼働させるための保護された環境（サンドボックス環境）が必要となる。

　一般的な環境としては、自組織内OAを模したWindows端末のクライアント環境を準備するケースが考えられるが、これらのクライアント環境を構築する場合、仮想環境では発動しないマルウェアを考慮して、仮想環境だけでなく、物理環境のクライアント端末も用意する。

　なお、実際に必要な環境はクライアント環境だけにとどまらないため、いわゆるサンドボックス製品の導入や、アンチウイルスソフトウェアに付随する解析機能を用いた解析環境を構築することも選択肢として挙げられる。

⑤ マルウェアに感染した疑いのある端末などを解析する環境

　不正なサイトへのアクセスやウイルス検知などにより、クライアント端末やサーバなどを解析しなければならない場合がある。このようなインシデン

ト対応においては、解析端末自体がマルウェアに感染してしまう可能性があるため、通常のネットワークセグメントから独立した解析環境を構築する。

(6) CSIRT要員の教育

　CSIRT構築の初期段階から経験豊富なCSIRT要員を潤沢に抱えて運用開始できるCSIRTは非常に少ない。今後のCSIRTについては、品質向上のみならず、業務内容の拡充にともなう増員、人事異動による要員の交代などに備え、CSIRT要員の教育についてもあらかじめ検討しておかなければならない。

　CSIRT要員の教育において最も重要なことは、CSIRTおよびCSIRTが所属する親組織のセキュリティポリシーを理解してもらうことである。その際、インシデント関連情報を取り扱うルールや取り扱い手順、どの情報にアクセスすることができて、どの情報にはアクセスできないという基本ルールに加え、「やってはいけないこと」を徹底して教育しなければならない。

　各CSIRTには、暗号化されて受領した情報は、復号する際に特定のフォルダ以外に持ち出してはいけない、インシデント関連情報は自組織内の従業員にも参照させてはいけない、マルウェアの検体はCSIRTの特定メンバーしか参照してはならないなどの禁止事項がある。これらは一見当たり前のことに思えるかもしれないが、このような当たり前のことを実践してはじめて、CSIRTは自組織の内外から信頼されるチームとして認識されることを忘れてはならない。やってはいけないことを蔑ろにしてインシデントに対応すると、別の新たなインシデントを発生させてしまうこともある。CSIRTのインシデント対応では、自らがインシデントの発生源となることは絶対に避けなければならない。

　また、CSIRTの運用開始時点でアウトソーシング要員を充当する場合であっても、必ずセキュリティポリシーを理解してもらうことから始めてほしい。アウトソーシング要員は、技術的な問題に関しては自組織の従業員よりも詳しいかもしれない。しかし、CSIRTのインシデント対応において、CSIRT自身のポリシー違反で新たなセキュリティインシデントを発生させ

てしまうようなことは決して許されない。その意味で、CSIRTの一員として、自組織のセキュリティポリシーを理解していることは、技術的な対応に長けていること以上に重要なのである。

CSIRTにおけるセキュリティポリシーを理解した後は、情報セキュリティ全般に関する知識の習得に努め、CSIRTおよびCSIRTが所属する親組織における業務に必要な知識の習得を目指してほしい。

(7) CSIRT運用の訓練

CSIRTを構築フェーズから運用フェーズに移行する際には、必ずCSIRT運用の訓練を実施する（図2-4）。CSIRT運用の訓練の実施目的は、大きく次の3つに分類される。

- インシデント対応手順を確認する
- 事前にインシデント対応に慣れておく
- 実際のインシデント対応は理想通りにいかないことを理解しておく

① インシデント対応手順を確認する

CSIRT運用の訓練では、インシデント対応の事前訓練を実施することで、事前に定義したインシデント対応手順を確認する。この確認の作業においては、実際に対応する上で、あらかじめ決められた手順を実施できるか、使用するツールは想定通りに動くかといった内容に加え、作成したインシデント対応手順書の内容が適切に記載されているかについても確認する必要がある。

インシデント対応に慣れてくると、インシデント対応手順書がなくても対応できるようになるのは事実である。しかし、CSIRT構築時点でインシデント対応に慣れていないメンバーにとっては、インシデント対応手順書に書かれていることがすべてであり、絶対なのである。そのため、インシデント対応手順書を初めて参照したCSIRTメンバーであっても内容を正しく理解できるように適切に記載されているかについて確認する。

具体的な訓練では、インシデントが発生した状況を仮定し、インシデント報告を受け取った時点から開始する。そして、受け取った情報を適切にトリアージできているか、インシデントの原因や被害状況を正しく把握できているか、インシデント対応のプロセスの順番に間違いがないか、自組織内の関連部門が適切に情報を受け取っているか、インシデントの分析が完了した際の保管手順に誤りがないかなどを確認する。

② 事前にインシデント対応に慣れておく
　インシデント対応を経験したことがないCSIRTメンバーが、初めてインシデント対応を実施する場合、何から対応してよいかわからなくなってしまうことがある。インシデント対応に慣れてくればこのような状況に陥ることはないが、初めてのインシデント対応では少なからず見受けられるケースである。

　初めてインシデント対応を行うCSIRTメンバーがそうした状況に陥らないためにも、CSIRT運用の訓練は非常に重要である。インシデント対応手順書の内容を正しく理解することで、対応が変わってくるだけでなく、インシデント対応手順書に記載されている通りに実施すれば対応できるという経験は、メンバーにとって大きな財産になる。

　また、インシデント対応経験のあるCSIRTメンバーの習熟度を把握するためにも、CSIRT運用の訓練は必要である。インシデント対応をすでに経験しているメンバーにとって、CSIRT構築前に自部門で起きたインシデントに対応した経験と、CSIRTメンバーとしてインシデントに対応することの違いを理解することは、より高度なインシデント対応を行うために非常に重要である。

　このようにインシデント対応の経験の有無によらず、CSIRTメンバーにCSIRT運用の訓練を実施することは、各メンバーが有している、あるいは不足しているスキルや能力を把握することにもつながる。これにより、各メンバーの得意不得意が把握できるようになり、実際にインシデントが発生した際のメンバーの割り当てにも活かすことができる。

③ 実際のインシデント対応は計画通りにいかないことを理解しておく

　CSIRTの構築から運用に至るまで様々な検討を重ねていても、実際にインシデントに対応したことがなければ、可能な限り多くのインシデントに対応すべくインシデントを定義し、実際には実現困難なインシデント対応手順書を作成しがちである。

　たとえば、Webサイトの改ざんというインシデントに対し、攻撃元、攻撃手法や攻撃コードについて特定してから攻撃者を特定するような手順を策定していると、実際に攻撃者のアクセス元が特定できたとしても、攻撃者を特定することは非常に困難である。攻撃者のアクセス元が海外のIPアドレスである場合、攻撃者の特定はよりいっそう困難になる。さらに、攻撃者を特定するために、実際に攻撃が行われた時間帯に当該IPアドレスを使用している利用者を特定したとしても、当該端末が攻撃者によって踏み台として悪用されているケースでは、攻撃者を特定するための調査を行うことはほぼ不可能と言ってよい。

　このように、実現不可能なインシデント対応手順を策定してしまっていないかについて、あらためて確認する。また、海外に関わるインシデントについては、海外との調整機関であるJPCERT/CCに支援を要請する手順を記述しておくとよい。

　なお、CSIRT運用の訓練を実施する際には、訓練の目的や評価方法、自組織内の関連部門のうちどの部門を訓練に参加させるのかなど、明確にしておくべきいくつかの事項がある（図2-4）。

(8) CSIRTの周知方法

　実際にCSIRTを構築・運用してみると、自組織内の関連部門との情報連携がいかに重要かがわかる。インシデントが発生すると、当該部門の担当者から状況をヒアリングし、そこで判明した事実を裏付けるログなどの情報を、監視部門に問い合わせ、受領するという一連の対応が必要になる。

　インシデントが発生した際に関係部門の協力を得るためには、CSIRTの運用開始前に必ず、自組織内の関係部門に「CSIRTを構築したこと」および

図 2-4 組織内 CSIRT 運用の訓練

```
組織内CSIRT運用の訓練
■目的
    ■CSIRT運用訓練の企画と実施
    ■セキュリティ基本方針・インシデント対応計画の検証
■内容
    ■演習の準備
        ■演習の目的、スコープ、目標値、評価方法を定める
        ■演習のタイプ、実施スケジュールを決定する
        ■演習の参加者、役割、責任、権限の明確化
        ■実施スケジュールの決定
        ■事前告知するかを決定
        ■結果をAPTに対する能力評価とするか
        ■関連する全部門を演習に関与させるよう企画
        ■組織内外へ情報共有できるかの検証
■演習後の対応
        ■実施報告書の作成
        ■セキュリティ基本方針・インシデント対応計画改善の検討
■工数
        ■訓練・演習のタイプ、規模、実施内容などにより大きく変動する。数週間から
         数ケ月程度。
■成果物
        ■演習企画書、演習実施手順書、演習実施報告書、改善検討結果報告書
```

出典：JPCERT/CC「組織内CSIRT構築の実作業」[9] p.11

「CSIRTを構築することによって変更する対応手順」について周知しておかなければならない。

また可能であれば、CSIRTの運用開始前に、上記「CSIRT運用の訓練」（図2-4）への参加を要請しておく。これにより、自組織内の関連部門との連携に必要な情報交換手段や交換すべき項目を確認することができる。インシデント対応時には大量のログのやりとりが発生するため、運用の訓練時には、関連部門からのログの授受方法についても確認する。これまでの属人的なインシデント対応から、部門レベルで対応できるようにするためにも、ぜひ関係

---

9) https://www.jpcert.or.jp/csirt_material/files/07_development_practice20151126.pdf

部門を巻き込みながらCSIRT運用の訓練を実施してほしい。

次に、自組織外へのCSIRT構築の周知について説明する。CSIRT構築の周知は自組織内のみにとどまらない。対外的に公表することで、たとえば自組織に存在するインシデントにつながる問題を見つけた第三者が直接CSIRTに通知してくれる可能性もある。また、グループ企業内の関係性は、グループ外からは見えにくいため、構築したCSIRTの存在を自組織外に周知させることで、グループ企業全体のインシデント対応に役立てることもできるだろう。

NCA（日本シーサート協議会）などのセキュリティ関連コミュニティに加わり、その事実を周知させることで、これまでとは違った情報連携の仕組みを活用することも可能となる。自組織にとって有益な情報連携を積極的に推進するためにも、他組織との情報連携を活発に行うように努めてほしい。

2.2　人材の定義と育成

本節ではCSIRT要員の役割の定義と、それに必要な人材のスキルおよび育成方法について述べる。

2.2.1　CSIRT要員の役割

CSIRTはインシデント対応のみならず、自組織の情報資産の状況を明確にしたり、インシデントを起こしにくくしたりするために、平常時においても予防的活動が必要である。初めに、これらのCSIRT業務を実現するための要員の役割を定義する。ここで紹介する役割のいくつかは兼任も可能である。一例として、表2-2では兼務可能な役割を同じ記号で示す。

- 社外PoC（Point of Contact）：自組織外連絡担当
  JPCERT/CC、NISC、警察、監督官庁、NCA、他CSIRTとの連絡窓口となり、情報連携を行う。

表2-2 役割表

役割	平常時に機能	インシデント対応時に機能	兼務可否
社外PoC：自組織外連絡担当	○	○	☆
社内PoC：自組織内連絡担当、IT部門調整担当	○	○	☆
リーガルアドバイザー：法務部CSIRT担当	○		
ノーティフィケーション担当：自組織内調整・情報発信担当	○	○	☆
リサーチャー：情報収集担当	○	○	
キュレーター：情報分析担当	○	○	
脆弱性診断士：脆弱性の診断、評価担当	○		
セルフアセスメント担当	○		□
ソリューションアナリスト：セキュリティ戦略担当	○		□
コマンダー：インシデント統制担当	○	○	△
インシデントマネージャー：インシデント管理担当	○	○	◎
インシデントハンドラー：インシデント処理担当		○	◎
インベスティゲーター：調査・捜査担当		○	
トリアージ担当：優先順位選定担当		○	△
フォレンジック担当		○	
教育担当：教育・啓発担当	○		

- 社内PoC：自組織内連絡担当、IT部門調整担当

　自組織内の法務、渉外、IT部門、広報、各事業部との連絡窓口となり、情報連携を行う。

- リーガルアドバイザー：法務部CSIRT担当

　IT的な法課題やコンプライアンス問題が発生したときに法的アドバイスを行う。法務部のITスキルが乏しい場合は、法務部にわかるようにIT担当が解説して橋渡しする形でもよい。

- ノーティフィケーション担当：自組織内調整・情報発信担当

　自組織内を調整し、自組織内各関連部門への情報発信を行う。自組織内のシステムに影響を及ぼす場合にはIT部門と調整を行う。

- リサーチャー：情報収集担当
　セキュリティイベント、脅威情報、脆弱性情報、攻撃者のプロファイル情報、国際情勢の把握、メディア情報などを収集して個別の分析を行い、キュレーターに引き渡す。

- キュレーター：情報分析担当
　リサーチャーの収集した情報や分析に基づいて多数ある情報の取捨選択や、優先度を考慮してその情報を自組織に適用すべきかの選定を行う。リサーチャーと合わせてSOC（セキュリティオペレーションセンター）で実施することが多い。

- 脆弱性診断士：脆弱性の診断、評価担当
　ネットワーク、OS、ミドルウェア、アプリケーションがセキュアプログラミングされているかどうかを検査し、診断結果の評価を行う。

- セルフアセスメント担当
　自組織の環境や情報資産の現状分析を行う。平常時にアセスメントを実施しておくことで、インシデント発生時にアセスメント結果に基づいた影響範囲の特定が容易になる。

- ソリューションアナリスト：セキュリティ戦略担当
　自組織の事業計画に合わせてセキュリティ戦略を策定する。現在の状況とあるべき姿とのギャップからリスク評価を行い、ソリューションマップを作成してソリューションの導入を推進する。導入されたソリューションの有効性を確認し、改善計画に反映する。

- コマンダー：インシデント統制担当
　自組織で起きているセキュリティインシデントの全体統制を行う。重大なインシデントに関してはCISO（Chief Information Security Officer、最高情報セキュ

リティ責任者）や経営層との情報連携を行い、CISOや経営者が意思決定する際の支援も行う。

- インシデントマネージャー：インシデント管理担当
 インシデントハンドラーに指示を出し、インシデントの対応状況を把握する。対応履歴を管理し、コマンダーに状況を報告する。

- インシデントハンドラー：インシデント処理担当
 インシデントの処理を行う。セキュリティ専門事業者に処理を委託している場合には指示を出して連携し、管理を行う。状況はインシデントマネージャーに報告する。

- インベスティゲーター：調査・捜査担当
 外部からの犯罪、内部犯罪の調査、捜査を行う。セキュリティインシデントはシステム障害とは異なり、悪意のある者が存在することが少なくない。通常の犯罪捜査と同様に、動機の確認や証拠の保全、次に起こる事象の推測などを行い、論理的に調査・捜査対象を絞っていくことが要求される。

- トリアージ担当：優先順位選定担当
 発生している事象に対して優先順位を決定する。被害がある場合の復旧優先順位や、拡散している場合にどのシステムから停止していくべきか、同時多発的に調査が必要となった場合の調査順位の判断を行う。実際にはインシデント統制、インシデント管理、インシデント処理のそれぞれのレベルで優先順位を判断し、判断できない場合には上位層の指示を仰ぐ（エスカレーションする）。

- フォレンジック担当
 システム面での鑑識、精密検査、解析、報告を行う。悪意のある者は証拠隠滅を図ることもあるため、証拠保全とともに、消されたデータを復元し、

足跡を追跡することも要求される。

- 教育担当：教育・啓発担当

主に役職員向けの教育を実施し、リテラシーの向上を図る。CSIRTとしてのトレーニングについては別担当にしてもよい。

2.2.2　役割間関連図と連携フロー

　CSIRTは2.2.1で説明した各役割の担当者が連携して活動する。代表例として、PoCが自組織外の他組織から脆弱性情報を入手した際の関連フロー（平常時）とリサーチャーが自組織のシステムにて異常値を検出した際の関連フロー（インシデント対応時）を紹介する。

　役割間の関連と情報伝達内容、通達順序は、図2-5と図2-6に示す通りである。伝達内容や通達順序については、企業のビジネスモデルや組織の役割によって異なるため、全体を理解するための参考にとどめていただきたい。

▶ **平常時の役割関連図**（図2-5）

(1) 教育・啓発により、従業員のリテラシーの向上を図る。セルフアセスメント、脆弱性診断にて自組織の環境を調査分析し、ソリューションアナリストがセキュリティ戦略に従い、システムを導入する。

(2) PoCが自組織外から脆弱性情報を入手する。

(3) PoCからコマンダーに情報伝達する。

(4) コマンダーからインシデントマネージャー、セルフアセスメント、ソリューションアナリストに確認依頼する。

(5) インシデントマネージャーからリサーチャー、キュレーターに情報伝達する。対応すべきか否か、自組織ですでに影響が生じていないかについてインシデントハンドラーに確認依頼する。

(6) リサーチャー、キュレーター、ソリューションアナリスト、セルフアセスメント担当の状況をコマンダーが判定し、必要であればノーティ

図2-5 平常時の役割関連図

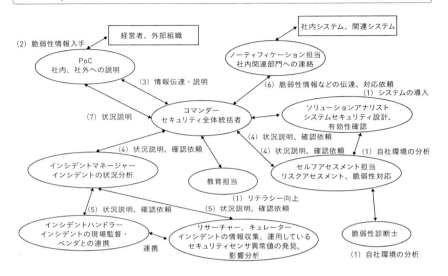

フィケーション担当へ情報伝達する。ノーティフィケーション担当から対象システムへ情報発信・対応依頼を行う。

(7) 状況をコマンダーからPoCに伝達。必要であれば、PoCから自組織外にも情報発信する。

▶インシデント対応時の役割関連図(図2-6)

(1) リサーチャーから異常検知の報告。キュレーターが分析した結果、インシデントの発生と判断される。

(2) キュレーターからインシデントマネージャーにインシデント状況報告。インシデントマネージャーからコマンダーにインシデント状況報告(実際には関係者で一斉通報される場合も多い)。

(3) コマンダーからインシデントマネージャーを経由して、発生日時、影響範囲、収束・拡散・継続状況、発生原因、発生ルートの究明、インシデント対応などをインシデントハンドラーに依頼する。インシデントハ

図2-6 インシデント対応時の役割関連図

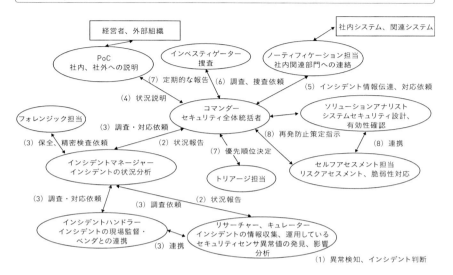

ンドラーはリサーチャー、キュレーターと連携して情報を収集し、インシデント対応を行う。同時に必要であれば、状況保全のためにインシデントマネージャーを経由してフォレンジック担当に保全依頼を行う。

(4) 一時的な情報がコマンダーに集まった時点でPoCに連絡。PoCから自組織内、必要であれば自組織外への公開準備を行う。

(5) 影響が自組織内のシステムに及ぶ場合には、ノーティフィケーション担当から自組織内関連システム部門への連絡とシステム対応の調整を行う。

(6) インシデントが内部犯罪や詐欺などのサイバー犯罪の可能性がある場合にはコマンダーからインベスティゲーターに動機や再犯の可能性の有無、犯人特定などの調査・捜査を依頼する。

(7) コマンダーは定期的に各担当から状況報告を受け、PoCを通じて自組織内、自組織外に情報発信する。自組織内システム担当にもノーティフィケーション担当を通じて情報発信する。これらの指示をビジネスイ

ンパクト、影響範囲などからトリアージしてインシデントが解決するまで繰り返す。
(8) 再発防止、セキュリティ戦略の有効性の観点から、コマンダーからソリューションアナリストやセルフアセスメント担当に状況を説明し、暫定対応、恒久対応の対策を指示する。ソリューションアナリストとセルフアセスメント担当は連携して対策を策定する。

2.2.3　自組織で備えるべき役割とアウトソース可能な役割

　CSIRTを構成する役割をすべて自組織で備えることは現実的に困難な場合も多い。セキュリティ専門事業者がセキュリティ支援活動を業務で行っている場合は、自組織内でスキルを保有、育成することも考えられるが、大部分の組織は本来の業務があって、その中でセキュリティ対策要員を兼務していることがほとんどだからである。
　自組織で備えるべき役割とアウトソース可能な役割の基本的な考え方として、企業や組織パターンをおおまかに3つに分け、自組織がどのパターンに当てはまるのかを確認しながら自組織の業務範囲を考慮して区別していくとよい。しかし、実際にはAとBの中間、BとCの中間という場合もあるため、適宜、自組織の実態に合わせて読み替えていただきたい。

▶パターンA：一般企業で総務部門などを主体に構築・運用されているCSIRT
　自組織内の情報共有は行うが、自組織内のシステムの維持についてはSIベンダ（システムインテグレーター）に全面委託している組織のCSIRTである。CSIRTのミッションとしてはSIベンダの報告を受け、プロアクティブな（先を見越した）予防処置を行う。インシデント発生時には自組織として守るべき優先順位の判断を行い、実際の活動はSIベンダが行う。CSIRTとしては最低限の要員で活動し、SIベンダで手に負えなくなった場合に、セキュリティ専門事業者に支援を要請する。このため、セキュリティ専門事業者からの報告は専門用語を使わずにわかりやすく説明してもらう必要がある。

パターンAのCSIRTのアウトソースの考え方としては、自組織内、自組織外の連絡窓口としてのPoC、自組織内情報発信としてのノーティフィケーション担当、従業員の教育啓発のための教育担当、インシデント発生時のインシデント全体統制のコマンダーなどを自組織内で保有、その他の役割についてはアウトソースという分け方が考えられる。特にコマンダーに関しては、インシデント発生時に自組織のビジネスの優先順位を考慮する必要があるため、自組織で保有すべきである。

▶パターンB：一般企業でIT系子会社、または情報セキュリティに関する専門部門を主体として自組織内で構築・運用されているCSIRT

　システム維持管理のすべて、もしくは一部を自組織内で運用している組織のCSIRTである。CSIRTのミッションとしてはSIベンダにアウトソースしている部分の報告を受け、自組織内の運用部門と合わせて検討し、プロアクティブな予防処置を行う。インシデント発生時には自組織で守るべき優先順位の判断を行い、インシデント対応を行う。自組織内のインシデント対応体制、要員のスキルで賄えない場合、あるいは対応内容に過不足がないかを検証するために、セキュリティ専門事業者に支援を要請することもある。この場合、セキュリティ専門事業者と対等に会話できる能力が必要とされる。

　パターンBのCSIRTのアウトソースの考え方としては、自組織の業務やスキルパス上にない特殊なセキュリティスキルを必要とする役割をアウトソースする場合が多い。また、インターネットからの不正アクセスを監視するSOC業務を外部委託する場合もある。アウトソースできる役割としては、リサーチャー、キュレーター、インベスティゲーター、フォレンジック担当、脆弱性診断士などが代表的であるが、ソリューションアナリスト、セルフアセスメント担当、インシデントマネージャー、インシデントハンドラーなども外部の支援を受けて実施、もしくはアウトソースすることが可能である。

▶ パターンC：CSIRT支援業務を自組織や自組織所属グループ、または他組織に提供している企業（セキュリティ専門事業者を含む）で構築・運用されているCSIRT

　自組織や自組織所属グループ（グループ企業など）、または自組織外の他組織向けのCSIRT支援業務を行うCSIRTである。ほぼすべてのCSIRT業務を自組織で保有し、研究、開発、未知の脅威の発見、情報発信なども公的に行う。

　セキュリティ支援業務を実行していることから、原則的にはCSIRTの役割のすべてを自ら保有する。リサーチャー、キュレーター、インベスティゲーター、フォレンジック担当、脆弱性診断士という専門家人材も自組織で保有・育成する。

2.2.4　役割を担う人材の定義と育成

　CSIRTは、単にセキュリティ機器を設置して完了するものではなく、その機器が有効に使われて初めて可能となるものであり、人材育成やチームマネジメントも重要である。CSIRTの役割を担う人材に関するポイントは次の通りである。

（1）倫理規程と人的資源
　CSIRTは実組織、仮想組織の違いはあっても組織体であるため、組織の倫理規程の設定や人的リソースの確保を考慮しなければならない。

● 倫理規程、行動要領、トレーニングの実施
　セキュリティに関わる業務を行うためには、高い倫理性とモチベーションの維持が求められる。そのためには、まずはじめにCSIRTにおける倫理規程を策定し、これがすべての基本であることをCSIRTのメンバーに理解させる。その上で組織ごとの特性を考慮して行動要領を定め、トレーニングを行う。これによってCSIRTのメンバーは専門家に近い行動をとることがで

きる。トレーニングを繰り返すことにより、CSIRT内に深く行動要領を浸透させることが重要である。

● 要員配置

　CSIRTの要員配置をする際に気をつけなければならないのは、組織の維持力や個人への負荷軽減に関する問題である。個人への依存度があまりに高い組織や、毎日のようにインシデント対応を行っている組織についてはCSIRTメンバーの疲弊を避けられる要員配置にしなければならない。

　小規模な組織やセキュリティインシデントの数が少ないCSIRTでは、特定個人に業務が集中してしまう問題があるが、このようなケースでは本来の業務とCSIRT業務を兼務していることが多い。この場合の解決方法としては、CSIRT業務のために専任で1人または2人の専門家を任命するか、他の実務を担っているメンバーを他の業務と兼任で複数人数配置するかの2つの選択肢がある。

　一般的には少なくとも3人のメンバーを必要とするが、5人以上のメンバーからなるチームを編成することが望ましい。その理由は、組織としてのCSIRT業務を維持しながら、個人への負荷軽減を期待できるためである。メンバーは兼務でもかまわない。複数のメンバーが互いの仕事を補助できれば、CSIRT業務を維持することが可能となり、平常時における個人への負荷が軽減され、疲弊を避けることができる。このような人員体制のチームであれば、望ましい状態でインシデントに対応することができるし、平常時の剰余時間には個人的なスキルアップに割く時間も捻出することができる。ただし、兼任者がCSIRTの業務を行っている場合、インシデント対応時には兼任の業務よりも優先されることを事前に組織の管理職と合意しておく必要がある。

　現実的には、小さいチームとして2人のフルタイムのメンバー、もしくは3～4人の兼任メンバーを配置する。この人数が少ないと、個人への負荷軽減は難しくなる。

　1つの組織で7人以上の専任のメンバーがいる大規模なCSIRTの場合に

は、別の問題が生じる。このような規模の大きいCSIRTでは、業務範囲を広げ、様々な役務を担っていることが多く、個々のCSIRT業務が個人に任されていたり、複数のCSIRT業務を個人が兼務担当していたりするなど、範囲を広げたがゆえに個人の負荷軽減ができなくなるという問題が生じやすい。このような体制は個人への依存度が高いため、個人のパフォーマンスが、提供しているCSIRTの維持に直接的な影響を与える。それを避けるためには、役務を1人の担当者に任せるのではなく、各メンバーが複数のCSIRT業務を行える、もしくは補助できる体制が必要である。CSIRTの業務範囲をむやみに広げるのではなく、複数人数で補完できる配置を検討した上でCSIRTの業務範囲を定めてほしい。

(2) 役割別スキルセットの例と育成方法

ここではCSIRTを構成する役割ごとにスキルセットを説明する。それぞれの役割を説明する表（表2-3から表2-17まで）では、その役割に任用するための「前提スキル」と、着任後にその役割を担って活動するための「追加スキル」に分けて説明している。利用方法としては、前提スキルを満たす要員を募集・採用し、追加スキルを教育して要員を育成するという方式となる。

① PoC（社外・社内）：自組織外・自組織内連絡担当、IT部門調整担当

CSIRTの自組織外、自組織内、IT部門に対する連絡窓口である。聞く、理解する、伝える（会話、文書表現）を基本スキルとし、さらにセキュリティ関連の知識や自組織外の他組織との情報連絡スキルが求められる。人選としては、システム障害時に報告書などを作成し、関係者に説明経験のある要員を配置し、コミュニティに参加させ、セキュリティ知識を学ばせて育成する（表2-3）。

表 2-3 | PoC

任用前提スキル	追加情報スキル
情報を正しく伝えるコミュニケーション能力	情報を収集し、インテリジェンスを生成・報告できる能力
ITSSレベル2程度の基礎的なITリテラシー	サイバーセキュリティ問題に関する外部組織と学術機関に関する知識
情報を適切に判断する能力	既知の脆弱性に関する知識

② リーガルアドバイザー：法務部CSIRT担当

　セキュリティ規程・規約に関わる関連法の他、訴訟事案などに対し、IT面での対応・対策へのアドバイスやインシデント対応時の法的判断などの支援を行うため、法律とIT、両方の知識が求められる。もしくは法律・ITいずれかの専門家がもう一方に対し、橋渡しができるコミュニケーションスキルがあればよい。人選としては、法務担当を配置してもよいが、CISSP (Certified Information Systems Security Professional) 認定保持者のほか、個人情報保護法対応やPCI DSS (Payment Card Industry Data Security Standard) 対応経験のあるIT要員を配置する。CISSP認定保持者でないIT要員の場合の育成方法としては、関連法の読み方や解釈を、IT的支援方法も踏まえて訴訟経験のある法務担当者と相談しながら身につけていく（表2-4）。

表 2-4 | リーガルアドバイザー

任用前提スキル	追加情報スキル
セキュリティに関わる関連法の知識、もしくはITSSレベル2程度の基礎的なITリテラシー	セキュリティに関わる関連法の知識、もしくはITSSレベル2程度の基礎的なITリテラシー（不足している部分の知識）
サイバーセキュリティに関連する技術的動向、法的なトレンドの追跡、解析ができる能力	インシデントレスポンスとハンドリングの知識
情報を正しく伝えるコミュニケーション能力	調達、サプライチェーン、業務委託をセキュアに行うための知識

③ ノーティフィケーション担当：自組織内調整・情報発信担当

　自組織内へ情報を正確に発信するためのコミュニケーションスキルやシス

テム対応を行う際の各システム担当との折衝能力が必要である。人選としては、法的強制権をもって自組織内を従わせることもできるが、自組織内である程度権限を持った役職者を配置し、協力を請うことが望ましい。育成としては論理的に調整内容を説明できるように、自組織内のガイドラインやリスク管理による説明方法の知識を習得させる（表2-5）。

表2-5　ノーティフィケーション担当

任用前提スキル	追加情報スキル
情報を正しく伝えるコミュニケーション能力	ITセキュリティ、セキュリティマネジメントの基礎
ITSSレベル2程度の基礎的なITリテラシー	インシデントレスポンスとハンドリングの知識
情報を適切に判断し、説明する能力	自組織のセキュリティガイドライン、遵守事項の知識
自組織のシステムに関する知識	既知の脆弱性に関する知識
折衝能力	事象に対するリスク把握と優先順位を説明できる能力

④ リサーチャー：情報収集担当

　自組織のシステムでの異常検知やインターネットからの異常通信などに加え、各メディア報道や国際情勢など、状況判断に必要な情報を収集する。インターネットなど自組織外からの情報収集に関しては専門的なスキルが必要であるが、自組織のシステムの異常値については自組織のシステム内容を理解している要員が兼任するほうが効率的である。

　人選としては、セキュリティ機器の検知・解析については自組織で機器の運用を行っている運用者を配置することもあるが、外部委託することも考えられる。自組織のシステムにおける検知・解析について求められるのはシステム運用要員であり、CSIRT側に配置しなくてもセキュリティ機器を担当し

表2-6　リサーチャー

任用前提スキル	追加情報スキル
基礎的なセキュリティに関する知識	国家間の関係、ハクティビストに関する知識
情報を鵜呑みにしないメディアリテラシー	メディアの特性を知り、活用できる能力
英語を正しく読む能力	セキュリティ機器で検出される情報を正しく読む能力
	攻撃戦術、ステージ、技術、手順に関する知識

ているリサーチャーと合同で体制を構築できればよい。育成についてはそれぞれのセキュリティ機器のコミュニティや情報提供元と情報交換し、スキルを向上させていく（表2-6）。

⑤ キュレーター：情報分析担当

　リサーチャーが収集した情報を総合的、かつ相関関係も考慮して分析する。対応方法については、自組織システムのビジネスモデルの特性によって異なる場合もあるため、自組織のシステムを理解している自組織の職員（社員）もキュレーター要員として配置すべきである。人選としては、セキュリティ機器の検出情報の意味を解読できる経験者、自組織のシステムの異常検知の意味を解読できる経験者が候補となるが、全体的な情報分析は外部委託も可能である。ただし、自組織のシステムの異常検知やビジネスインパクトについては、自組織外のキュレーターを補佐するために、自組織の要員を配置する。育成については、コミュニティとの情報交換や各種模擬訓練などに参加し、実践的なスキルを向上させていく（表2-7）。

表2-7　キュレーター

任用前提スキル	追加情報スキル
自組織のセキュリティアーキテクチャ、ビジネスに関する知識	情報を収集し、インテリジェンスを活用できる能力
情報を鵜呑みにしないメディアリテラシー	国家間の関係、ハクティビストに関する分析能力
英語を正しく読む能力	メディアの特性を知り、活用できる能力
	セキュリティ機器で検出される情報を相関分析できる能力
	攻撃戦術、ステージ、技術、手順に関する知識
	自組織のセキュリティ対策に適用すべきか判断できる能力

⑥ 脆弱性診断士：脆弱性の診断、評価担当

　システムに対する脆弱性を診断する。インフラ面とアプリケーション面の知識が必要であるが、担当を分けてもよい。進化し続ける攻撃手法に追随できる深い知識が求められ、人選としては、ネットワーク設計の経験者や、

Web開発の経験者を配置することが考えられるが、全体を外部委託することも可能である。育成については、ツールを使う場合にはツールの学習コースやコミュニティとの情報交換を行い、さらに深い知識を得るには各種模擬訓練などに参加し、実践的なスキルを向上させていく（表2-8）。

表2-8 脆弱性診断士

任用前提スキル	追加情報スキル
OS、ネットワーク、アプリ、データベースの脆弱性に対する知識	自組織のセキュリティアーキテクチャに関する知識
パケットレベルの解析ができる能力	新興の情報セキュリティ技術に関する知識
ペネトレーションテストやツールに関する知識	脅威情報に関する知識
一般的な攻撃手法に関する知識	コンピュータ、ネットワーク防衛と脆弱性の評価ツールを活用できる能力

⑦ セルフアセスメント担当

　自組織のIT資産を「見える化」し、必要時に参照できるようにしておくことがインシデント対応時に役に立つ。リスクアセスメントを行い、現有資産のリスクがどこにあるのかを分析するスキルが必要である。人選としては、ISMSなどのアセスメント手法を経験している要員の配置が望ましいが、一般的なリスクアセスメントを経験している要員でもよい。また、対面でのコミュニケーションが必要となり、改善要求など、アセスメント対象に負荷をかける依頼をすることもあるため、自組織内に顔が広いベテランの配置も考えられる。育成については、リスクアセスメント手法や各種法律の学習に加え、経験者のもとで実践的に身につけさせるとよい（表2-9）。

表2-9 セルフアセスメント担当

任用前提スキル	追加情報スキル
ITSSレベル2程度の基礎的なITリテラシー	個人情報保護法、PCIDSS、ISMSなどの公的規約の知識
リスクアセスメントのためのヒアリング能力、文書化能力	自組織のセキュリティポリシーやシステム構築に関するガイドライン、遵守事項の知識
	リスクマネジメントプロセスに関する知識
	インテリジェンスや最新の技術を読み取る能力

⑧ ソリューションアナリスト：セキュリティ戦略担当

　セキュリティ戦略を策定するための現状分析と企画力が必要となる。また、一過性ではなく、導入後の評価・改善につなげる推進力も必要である。人選としては、システム企画や開発部門で企画や提案書の作成、SIベンダの比較検討や開発計画書の作成経験、プロジェクトマネジメント経験のある要員を配置するのがよい。育成については、セキュリティ機器の特性や効果を学習し、現行機器類の評価とともに自組織に最適な構成を見直していくことがトレーニングとなる（表2-10）。

表2-10 ソリューションアナリスト

任用前提スキル	追加情報スキル
自組織のビジネスビジョンに合わせて計画化する能力	個人情報保護法、PCIDSS、ISMSなどの公的規約の知識
自組織のセキュリティポリシーやシステム構築に関するガイドライン、遵守事項の知識	インテリジェンスや最新の技術を読み取る能力
リスクマネジメントプロセスを推進・活用できる能力	セキュリティ要求事項と製品・運用を組み合わせる能力
自組織のシステムに関する知識	

⑨ コマンダー：インシデント統制担当

　平常時に自組織外から脆弱性情報を入手した場合の対応判断やインシデント対応時の全体統制を行うため、ITおよびセキュリティの基礎スキルに加え、システム障害対応の全体統制の経験を豊富に有することが任用の前提条件となる。ビジネスインパクトやリスクを判断した上で優先順位を決め、場合によっては「対応を行わない」との判断を下せる決断力や説明力も必要である。人選としては、システム運用経験、障害時の全体統制の経験がある要員を配置する。育成については、インシデント対応の模擬訓練を繰り返すことがトレーニングとなるが、シナリオ通りにならない状況に備える「心」の鍛錬も必要である（表2-11）。

表2-11 コマンダー

任用前提スキル	追加情報スキル
システム障害の全体統制を行える能力	リスク影響とビジネス継続を考慮して優先順位を決定できる能力
自組織のセキュリティアーキテクチャ、ビジネスに関する知識	攻撃戦術、ステージ、技術、手順に関する知識
自組織のシステム停止、復旧時の業務影響に関する知識	セキュリティに特化したインシデント統制能力
経営層に説明できるコミュニケーションスキル	

⑩ インシデントマネージャー：インシデント管理担当

　発生したインシデントを管理し、的確に指示を出す管理能力が必要である。また、コマンダーに報告するためのコミュニケーション能力も前提スキルとなる。人選としては、システム運用にて障害対応のマネジメント経験がある要員を配置する。もしくは、障害対応の現場での陣頭指揮経験のある要員であればよい。対応そのもの、もしくは一部を外部委託してもよい。育成については、セキュリティ機器の特性や効果を学習し、インシデント対応の模擬訓練を繰り返すことがトレーニングとなる。また、それぞれのセキュリティ機器のコミュニティや情報提供元と情報交換し、スキルを向上させていくことも効果的である。インシデントハンドラーを外部委託する場合には、プロジェクトマネジメントスキルを強化していく（表2-12）。

表2-12 インシデントマネージャー

任用前提スキル	追加情報スキル
システム運用知識	セキュリティインシデント対応能力
インシデントに関する管理や報告ができる能力	セキュリティインシデント後の復旧に関する知識
自組織のセキュリティアーキテクチャの知識	出現するセキュリティ問題、リスク、脆弱性の知識
自組織の業務システムの知識	脆弱性診断に関する知識
	マルウェア等各種攻撃に対する取り扱いの知識

⑪ インシデントハンドラー：インシデント処理担当

　インシデントの処理を行うために自組織のシステムの特性に応じた運用経験が必要である。運用やインシデント処理を外部に委託している場合には、インシデントマネージャーと同等のスキルが必要となる。人選としては、システム運用において障害に対するインシデント対応経験がある要員を配置する。対応そのもの、もしくは一部を外部委託してもよい。育成については、セキュリティ機器の特性や効果を学習し、インシデント対応の模擬訓練を繰り返すことがトレーニングとなる。また、それぞれのセキュリティ機器のコミュニティや情報提供元と情報交換し、スキルを向上させていくことも効果的である（表2-13）。

表2-13 | インシデントハンドラー

任用前提スキル	追加情報スキル
システム運用知識	セキュリティインシデント対応能力
インシデントに関する管理や報告ができる能力	セキュリティインシデント後の復旧を行う能力
自組織のセキュリティアーキテクチャの知識	出現するセキュリティ問題、リスク、脆弱性の知識
自組織の業務システムの運用経験	脆弱性診断結果に対応する能力
	マルウェア等各種攻撃に対する対応能力

⑫ インベスティゲーター：調査・捜査担当

　基礎的なITスキルに加え、犯人の動機や背景を把握し、調査、捜査するサイバーポリスのような能力が必要である。人選としては、公認不正検査士（CFE）資格保持者のほか、リスク管理部門や総務部に人的調査を行った経験者がいることも多いため、CSIRTとして要員を配置するのではなく、必要時にそのスキルを活用することも考えられる。外部調査については、業務形態によってはシステム運用として第三者の不正操作確認を常に行っている部門もあるため、必要に応じてそのスキルを活用する。そのような部門がない場合には、外部委託を検討する。育成については、経験者のもとでOJTによってその知識・手段を吸収し、スキルを向上させる（表2-14）。

表2-14 インベスティゲーター

任用前提スキル	追加情報スキル
情報を収集し、インテリジェンスを活用できる能力	犯人特定のための調査・捜査能力
国家間の関係、ハクティビストに関する分析能力	尋問に関するコミュニケーション能力と知識
証拠の押収・保全の知識	攻撃者の戦術、技術、手順に関する知識
ITSSレベル2程度の基礎的なITリテラシー	サイバー犯罪に関する法知識
自組織のシステムに関する知識	

⑬ トリアージ担当：優先順位選定担当

　インシデントが同時多発的に起こるような大規模な組織であれば、トリアージ専任の担当者を置く場合があるが、大部分の組織ではコマンダー、インシデントマネージャー、インシデントハンドラーが兼任する場合が多い。それぞれの階層でのリスクとビジネスインパクトを考慮して判断できるスキルが必要となる。人選としては、コマンダー、インシデントマネージャー、インシデントハンドラーに準ずる。育成方法としては、インシデント対応の模擬訓練を繰り返すことがトレーニングとなる。優先順位判断が重要なスキルとなるため、多様な訓練シナリオがあるほうがよい（表2-15）。

表2-15 トリアージ担当

任用前提スキル	追加情報スキル
自組織のセキュリティアーキテクチャ、ビジネスに関する知識	リスク影響とビジネス継続を考慮して優先順位を決定できる能力
自組織のシステム停止、復旧時の業務影響に関する知識	

⑭ フォレンジック担当

　データの証拠保全や機器の精密検査を行うためのツール類、悪意のある者の攻撃手段などの知識や推理力が必要である。また、精密検査を行うため、ハードウェアやソフトウェアに関する専門知識が必要となる。人選としては、インフラについては物理層まで、アプリケーションについてはOSのカーネル機能までの高度な知識を保有する要員を配置し、育成するのがよい

が、そうした人材がいない場合には外部委託することも考えられる。育成については、ツールを使う場合には、ツールの学習コースや関連コミュニティとの情報交換で育成できるが、さらに深い知識を得るには各種模擬訓練などに参加し、実践的なスキルを向上させていく（表2-16）。

表 2-16 フォレンジック担当

任用前提スキル	追加情報スキル
OS、コマンド、システムファイル、プログラミング言語の構造とロジックに関する知識	デジタルフォレンジックに関する知識
脆弱性診断に関する知識	メモリダンプ解析能力
	マルウェア解析能力
	リバースエンジニアリングの能力
	バイナリ解析ツールを利用できる能力
	セキュリティイベントの相関分析を行える能力

⑮ 教育担当：教育・啓発担当

ここでは、役職員のセキュリティリテラシーの向上を目的とした教育・啓発担当としてのスキルを定義する。セキュリティの基礎を理解し、わかりやすく説明できるコミュニケーションスキルが必要である。人選としては一般教育でもよいので、自組織内での教育経験がある要員を配置する。育成については、教育担当はセキュリティ教育に必要な知識を学び、教育テキストを作成した後、受講者に対して対面教育を実施してスキルを向上させていく。なお、セキュリティ専門家向けの教育は大学、専門学校や前述の育成方法によってスキルを向上させるため、この教育担当の対象外となる（表2-17）。

表 2-17 教育担当

任用前提スキル	追加情報スキル
情報を正しく伝えるコミュニケーション能力	自組織のセキュリティポリシーやシステム構築に関するガイドライン、遵守事項の知識
ITSSレベル3程度のITリテラシー	情報を収集し、インテリジェンスを生成・報告できる能力
情報をわかりやすく伝えるコミュニケーション能力	既知の脆弱性に関する知識

要員配置後は、これらのスキルが自組織のCSIRTでどの程度満たされているかを評価し、適切な育成計画を策定する。役割関連図の役割ごとに自組織のスキルセットを評価した例を、図2-7に示す。

図2-7 スキル評価例

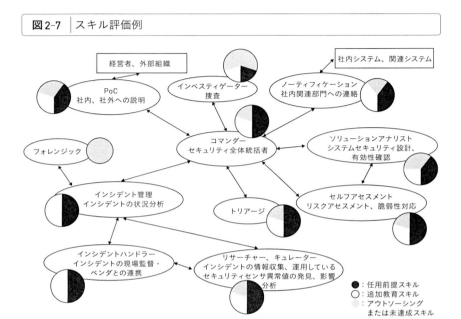

　この例では任用前提スキルの達成度を円グラフの黒い部分の面積比、追加教育スキルを白い部分の面積比で表現している。網掛け（灰色）の部分はアウトソーシングまたは未達成のスキルの面積比である。自組織のCSIRTを総合的にみてどの役割が不足しているか、各役割のどの部分を強化する必要があるかが一覧できる。

　なお、各役割で求められるスキルの詳細については、日本ネットワークセキュリティ協会（JNSA）の「セキュリティ知識分野（SecBoK）人材スキルマップ2016年版」「skillmap–SecBoK2016」も参考になるだろう。

（3）役割別スキルセットの教育手段

　サイバーセキュリティの脅威が増大するにつれて、大学や専門学校でセキュリティに特化した教育コースを設置するケースが増えている。総務省、経済産業省、文部科学省もセキュリティ人材の確保と育成を奨励し、セキュリティの専門家を育成するコースも充実しつつある。一方、CSIRTの専門家の養成に関してはまだ整備されていない状況にある。その理由としては、CSIRTでは守るべき対象となる組織のセキュリティ維持のために、その組織固有のビジネス的価値観も含めた総合知識が求められること、またCSIRTに対する考え方や、CSIRT内で必要とされる役割やスキルが組織によって異なることが挙げられる。セキュリティ分野の知識さえあれば活躍できるというものではなく、教育コースとしても一般化しにくい。

　CSIRTに求められるスキルを体系的に学習しようと思っても、そのような教育コースが存在しないため、多くのCSIRTにとって、良い教員を見つけることは非常に難しい。教員から学ぼうとするCSIRTは、少なくとも対象組織が必要とするスキルセットを判別・評価し、それを学習者のために適切にカスタマイズできる教員を探すことから始めなければならない。こうした事情により、CSIRTのスキル向上のための現実的かつ最適な方法の1つと言えるのが、自組織のインシデント発生時の対応経験などから学んでいく継承型学習である。

　常に新たな脅威に対応しなければならないCSIRTにとって、日本シーサート協議会や日本ネットワークセキュリティ協会などの活動に関与するとともに、これらの団体が発行しているスキルセットに関する文献を参考に、教育手段を整えていくことも有効である。スキルセットに基づくアプローチは、既存のCSIRT要員のスキルレベルの測定やスキルパスの設定、スキル向上のためのトレーニング指針となるだけではなく、CSIRTの候補者を採用する際の参考基準としても利用することができる。またこれによって、CSIRTの業務に必要な組織内のスキル保有者を探すことも可能となる。

① チームトレーニング

　CSIRTのパフォーマンスを維持するために、新しいメンバーが加わったり、新たな攻撃手法が発見されたりしたときにはチーム内で訓練をする。

　先の「役割別スキルセット」で述べたように、メンバー間にスキルのばらつきがある場合は「個別の訓練・育成計画」が必要となる。この計画を適切に実施、評価することによって各メンバーに必要な研修が効率的に行われ、チームにも貢献できるようになる。

　また、チームのモチベーションを向上させるには、メンバーがより高度なコースの研修を受けられるように、チームの年間研修予算を計画に応じて割り当てる必要がある。新メンバーの導入教育としては、その組織特有の考え方もあることから、既存のメンバーによる内部研修が有効である。CSIRTの属人化や高齢化を避けるためにも、この内部研修プログラムを計画的に実施してほしい。内部研修には、少なくとも2人のトレーナーを用意することを推奨する。

　一方、外部・内部からの攻撃に対応するトレーニングでは、メンバーによる対応のばらつきを減らすために全員参加が必須となる。各メンバーが保有するスキルがそれぞれに異なることは当然である。すべてのメンバーが新しい攻撃への対処法や影響を低減させるための技術を身につけるには、継続的な専門トレーニングが不可欠であり、その中で各人の不足スキルなどの課題を見つけていくべきである。このトレーニングは計画的に実施、評価する必要があり、トレーニングそのものを常に改善していくことも忘れてはならない。

② 技術トレーニング

　一般企業の場合にはセキュリティを専門とする部門は少なく、組織内では得られない知識も多いため、外部からそれらの知識を獲得する。

　自組織でどの知識を保有し、どの知識をアウトソースすべきかを明確にし、保有すべき知識はスキルセットと照らし合わせながら、その知識を習得できる外部の専門企業を選択する。

アウトソーシングする領域については、外部委託する部分の要件定義書の書き方、外部からの成果物を検証できるまでのスキルを内部でトレーニングする。トレーニング対象者をスキル保有者が作成した要件定義書のレビューや成果物のレビューに同席させて育成する。

　セキュリティ支援活動を業務として提供するCSIRTや、セキュリティ専門事業者のCSIRTの場合には、より知識を深め、広く最新の知識を吸収する必要がある。方法としては、海外も含めた専門コミュニティと対面で情報交換する機会を持つことも効果的である。

③ コミュニケーショントレーニング

　CSIRTは自組織内、自組織外の他組織と連携しながら業務を行う。一般的に自組織内、自組織外の他組織はITスキルが乏しい場合も多く、説明やプレゼンテーションを行う場合には、相手のスキルに合わせた説明が求められる。一方、セキュリティ専門事業者やセキュリティコンサルタントに対し、セキュリティ計画やインシデント対応のセカンドオピニオンとして支援を求めることもある。この場合にはコミュニケーションの効率化と正確性を優先し、専門用語を用いたコミュニケーションが要求される。外部とのコミュニケーションには、「経営層向けのコミュニケーション」「広報および一般社員向けのコミュニケーション」「専門家とのコミュニケーション」の3つのスキルが必要である。

　これらのスキルを習得するためのトレーニングの場を設け、基礎的なプレゼンテーション研修をベースに、会話だけでなく書面でも意図を伝えられなければならない。

　経営層向けのコミュニケーションのトレーニングとしてはセキュリティ状況についての経営層への定期報告、広報や一般社員へのトレーニングとしては対面教育やセキュリティアセスメントの実施、専門家とのコミュニケーションとしてはセキュリティ計画の策定時や評価時、セキュリティインシデント対応時といった実際の機会を利用するとよい。

④ 対外連携

　いかに優れたCSIRTであっても、自組織内にある情報だけではインシデントは防ぎきれない。インシデントの予防としては、他組織のインシデント情報を素早く入手し、自組織に被害が及ぶ前に防衛できることが最良である。そのためには自組織外のCSIRTや他組織との連携が必要となる。

　また、情報交換には信頼関係の構築が必須であり、そのためには相手と直接対話して関係を築くのがよい。情報交換は「交換」が原則であり、ただ聞いているだけでは多くの情報は入手できないという前提に立ち、自ら情報を提供して相手との信頼関係を築くべきである。また、お互いにわかり合えるレベルで情報交換しなければその情報を活用することはできないため、直接の対話を通して相手のスキルを把握しておくことが望ましい。

　情報交換を通じて自ら提供する情報が、安全な社会を築く上での社会貢献となることもある。そのためにも多様な情報が得られるコミュニティには積極的に参加しておく必要がある。

⑤ インシデントレスポンス

　セキュリティインシデントが発生した際に、慌てず、調査・対応の漏れがないようにするためには、グループ演習や他社の事件を題材とした演習を行う。また、実際の演習結果については、うまく対応できたか否かに加え、演習効果が有効であったかどうかも確認する。そして、演習シナリオそのものに不備がある場合にはシナリオを改善すべきである。自組織内に複数のCSIRTがある場合には、他のチームと演習を行うことで気づくことも多いため、演習後、各チームで対応内容を発表し、知見を共有することも有効だ。

　演習シナリオの内容としては次のようなケースが想定されるが、必要に応じてさらに追加してほしい。

- 脆弱性情報を入手した場合
- DoS、DDoSのような事業継続に対する妨害を受けた場合

- 不正コマンド（SQLインジェクションなど）をインターネット側から受信した場合
- 自組織内に不審な添付つきのメールが着信したとの情報を得た場合
- 外部から自組織を名乗ったウイルスメールが着信したとの報告を受けた場合
- 自組織の環境がランサムウェアの被害を受けたとの報告を受けた場合
- 自組織の端末から不審なサイトへの通信を観測した場合
- 自組織のWebページが改ざんされ、ウイルスが仕込まれていると報告を受けた場合

　セキュリティインシデントにはシナリオ化されていないものも多く、CSIRTの真のパフォーマンスは、そうしたときに発揮されるとも言える。冷静な対応や分析力は、CSIRTとしての基礎的なスキルの上に構築されるものであり、最終的にはこれを目指すべきである。

2.3　プロセス

　本節では、インシデント対応プロセスに関する設計と改善について述べる。

2.3.1　設計

　設計時におけるプロセスには、次のようなものがある。

(1) 発生したインシデントの検知と連絡受付
(2) インシデントハンドリング
(3) 脆弱性ハンドリング
(4) 経営層および自組織への業務報告

(5) 対外連携

(1) 発生したインシデントの検知と連絡受付
　CSIRTがインシデントを検知する方法は、大きく分けて「自組織でのアラート検知の連絡」「自組織外からのインシデント報告」の2つに分類される。

① 自組織でのアラート検知の連絡
　導入したセキュリティ機器によるアラート検知に対し、発生事象がCSIRTで対応すべきインシデントであれば、適切な連絡経路を経てCSIRTに連絡がくる。セキュリティ機器のアラートには、IDSやIPSによる検知、制限されている不審な通信先へのアクセスを試み拒否されたプロキシサーバによる検知、マルウェア感染のアラートなどがある。

② 自組織外からのインシデント報告
　自組織で発生したインシデントに関する報告を外部から受け付けるケースもある。そのため、インシデント報告の受領方式を整備しておく必要がある。インシデント報告の一般的なものは、電子メールやWebサイトを通じて受け付ける。その際、報告者が必要な情報を適切に報告できるように「インシデント報告様式」を作成しておく。このインシデント報告様式では、報告者に次の項目を記載してもらうのが一般的である。

- 報告者の連絡先
- 発生したインシデントの分類
- 発生したインシデントの概況
  - 発生日時/アクセス元とアクセス先
  - ハードウェア/OS/関連ソフトウェア
  - 発生した事象の概要

　インシデント報告や報告様式については『JPCERTコーディネーションセ

ンターインシデントの報告』[10]も参考になるだろう。

　なお、自組織外からのインシデント報告は、適切な連絡経路によってCSIRTに伝達されない場合もある。たとえば、自組織外向けの問い合わせ窓口にインシデント報告があった場合、受け付けた担当者によっては、それがセキュリティインシデントに関わる事象であることを判断できず、CSIRTのPoC（Point of Contact、連絡窓口）に連絡されないケースもある。このようなケースでは対応が遅れてインシデントが拡大し、自組織の顧客に多大な損失を与えてしまう可能性もある。そうならないように、自組織外からのインシデント報告については、どの窓口で受け付けた情報であってもCSIRTに適切に伝達されるように整備しなければならない。

（2）インシデントハンドリング

　インシデントハンドリングでは、CSIRTが報告者から受領した情報をもとに「トリアージ」と「インシデント対応」を行う（図2-8）。

　インシデントハンドリングにおいて、最初に行うのがトリアージである。「トリアージ」とは先述のように、受け付けたインシデント報告に対して優先順位付けをすることである。手順としては、あらかじめ決められたトリアージ基準に基づき、インシデント報告に対して影響範囲と重要度をタグ付けし、インシデント対応を実施するCISRTメンバーに渡す。トリアージの具体的な流れは次の通りである。

- ■受け付けた情報に含まれる事象の事実関係を確認し、CSIRTが対応すべきインシデントであるかを判断する。報告者に追加情報を求める場合もある。
- ■CSIRTが対応すべきインシデントと判断されたら、次のタスクであるインシデント対応の対象とする。
- ■CSIRTが対応すべきインシデントではないと判断した場合、可能な範

---

10) https://www.jpcert.or.jp/form/

図2-8　基本的ハンドリングフロー

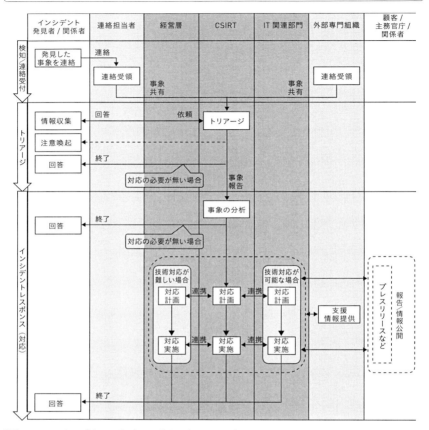

出典：JPCERT/CC『インシデントハンドリングマニュアル』p.2

囲で報告者に回答する。

　CSIRTで受け付けた報告には、影響範囲を詳細に調査しなければ優先順位が判断できないものもある。このような場合には、「上位の規程で判断する」、あるいは「対応の優先順位を判断するために、詳細な調査が必要」という情報を付加する。間違ってもトリアージ担当が影響範囲の詳細調査など、

役割以外の作業に手を出してはならない。それにより、処理すべき他のインシデント報告が滞留し、より重大なインシデントへの対応が遅れる可能性もあるからである。

次に、インシデント対応について説明する。インシデント対応では以下の作業を実行する。

① インシデントを分析する

受け付けた情報をもとにインシデントを分析し、影響範囲について詳細な調査を行う。この際、自組織外の他組織との連携が必要な場合もある。そのような案件では、情報の安全な取り扱いが求められるため、安全な情報の取り扱い手順についてあらかじめ定義し、準備しておかなければならない。また、インシデントの発生原因についても、この分析作業で明らかにする。インシデント発生原因の調査においては、インターネットからの攻撃だけでなく、担当者の操作ミスや内部犯行の可能性についても検討する。

② インシデントの対応計画を作成する

インシデントの分析結果をもとに対応計画を作成する。インシデントによっては、攻撃が継続することにより、より深刻な事態に発展するケースもある。このような場合は、より上位層に、場合によっては経営層の判断が必要な状況を鑑み、対応計画には経営層に判断を仰ぐためのエスカレーション手順を含める。加えて、インシデントの発生状況や対応について、顧客を含む外部への説明が必要な場合に備え、広報部門との連絡体制を整備しておく。また、インシデントによっては刑事・民事問わず、契約先や顧客からの訴訟問題に発展する可能性もあるため、自組織内の法務担当との連携体制も事前に整備しておく。

③ インシデントを解決し、復旧する

対応計画に基づき、インシデントを解決する。インシデントの発生原因を

取り除き、インシデントの再発防止に向けて必要な対策を明らかにし、影響を受けたシステムやサイトを復旧する。インシデントの原因が完全に取り除けない場合は、前段に事象の発生を防止するセキュリティ対策機器を設置するなどの緩和策を選択することもある。必要に応じて、発生したインシデント情報について従業員や顧客などの関係者に情報提供を行い、同様のインシデントが他のシステムでも発生しないよう注意喚起を行う。

④　インシデント対応の評価とフィードバックを実施する
　インシデントハンドリングは、インシデント被害を最小限に抑え、インシデントやインシデントに関連する事象に対応することを目的としたCSIRTの活動である。そのために影響範囲の調査、原因の究明などの対策を講じる。
　インシデントの解決後はこれらの対応について評価し、実施内容の改善点を洗い出し、フィードバックする。なお、「評価とフィードバック」と表現すると、対応についての悪かった点だけを挙げるものと捉えがちだが、ここでは良かった点についても取り上げていくことに留意されたい。

⑤　特殊なインシデントに備える
　一般的なインシデントハンドリング手順では対応できない特殊なインシデント、言い換えれば「想定外のインシデント」も当然ながら存在する。そもそもすべてのインシデントをあらかじめ想定して手順を用意することは不可能だからである。しかし、そのような事態にも慌てずに対応できるように、誰にエスカレーションし、誰が対応、判断するかなど、大まかな方針や手順を決めておくとよい。
　インシデントハンドリング手順については、JPCERT/CC『インシデントハンドリングマニュアル』[11]も参考になる。

11）https://www.jpcert.or.jp/csirt_material/files/manual_ver1.0_20151126.pdf

(3) 脆弱性ハンドリング

　脆弱性ハンドリングは、ハードウェアとソフトウェアの脆弱性に関する情報や報告を収集し、脆弱性の要因や影響範囲の調査、脆弱性の検知と対応策および軽減策に関する対応を実施する。

　ここでは、ハードウェアやソフトウェアの脆弱性に関する技術的な調査、分析を行う「脆弱性分析」と、脆弱性を軽減、対処するための判断をする「脆弱性対応」のプロセスを紹介する。

① 脆弱性分析

　一般的に、ハードウェアやソフトウェアの脆弱性に関する技術情報は、製品ベンダや開発コミュニティから入手できる。これらの情報提供元から情報を収集し、収集した情報に対して技術的な調査を行い、影響範囲を特定する。また、脆弱性の原因を取り除く方法を特定し、対処方法を確定する。場合によっては、脆弱性の原因を直接取り除く方法ではなく、脆弱性を使った攻撃を実現させないための緩和策を提供する場合もある。

② 脆弱性対応

　脆弱性分析で確定した対策を実施する。なお、一般に脆弱性が公開されると、原因を取り除くためのパッチが提供される。これらのパッチを適用する際に、システムを再起動しなければならない場合がある。そのため、脆弱性対応を行う際には収集した脆弱性情報に基づき、重要なシステムでは何日以内にシステムを停止し、パッチを適用するなどの具体的な対応基準をあらかじめ設計しておく。システムの重要度については、情報セキュリティの3要素であるC（機密性）、I（完全性）、A（可用性）に照らし、脆弱性に対応しない場合、「どの程度重要な情報資産が危険にさらされるか」、「どの情報や処理の完全性が損なわれるか」、「どの程度の時間やシステムを停止することが可能か」などについて検討した上で決定してほしい。

　ここで脆弱性ハンドリングについて知っておくべき2つの用語を紹介する。

1つ目は、「CVSS（Common Vulnerability Scoring System：共通脆弱性評価システム）」である。CVSSは、脆弱性の深刻度を同一基準のもとで定量的に比較するための評価基準であり、脆弱性そのものの特性を評価する「基本評価基準（Base Metrics）」、脆弱性の現在の深刻度を攻撃コードの出現有無や対策情報から評価する「現状評価基準（Temporal Metrics）」、ユーザの利用環境における脆弱性の対処状況を評価する「環境評価基準（Environmental Metrics）」で構成される。詳細は、IPA『共通脆弱性評価システムCVSS v3概説』[12]を参照されたい。

2つ目は、「CVE（Common Vulnerabilities and Exposures：共通脆弱性識別子）」である。CVEは個々の脆弱性に対して、脆弱性検査ツールや脆弱性対策情報提供サービスでも使用されている米国の非営利団体が採番している識別子である。脆弱性に一意の識別番号（CVE番号）を発行することで、別の組織で公開している脆弱性情報や対策情報に対し、同じ脆弱性に関する対策情報であることを識別できる。詳細は、IPA『共通脆弱性識別子CVE概説』[13]を参照のこと。

（4）経営層および自組織への業務報告

CSIRT構築後の運用時に実施するプロセスは、上述したインシデントハンドリングや脆弱性ハンドリングなどの「事後対応」、この章では触れていない「事前対応」や「セキュリティ品質管理」といったCSIRTの業務プロセスだけではない。それらのCSIRT業務の結果として得られる情報や知見を、自組織にフィードバックするプロセスも含まれることを忘れてはならない。

具体的には、統計情報に基づいた自組織内のセキュリティ委員会などへの報告、自組織内外への定期レポートやサマリレポートの発行、インシデント対応から得られる知見の自組織内のユーザ（従業員）や顧客へのフィードバックなどが挙げられる。

これらの業務を実践することで、「インシデント発生時はCSIRTに相談す

---

12) https://www.ipa.go.jp/security/vuln/CVSSv3.html
13) https://www.ipa.go.jp/security/vuln/CVE.html

ればよい」、あるいは「セキュリティに関する情報はCSIRTに聞けばよい」といった理解が自組織内に浸透し、CSIRTの円滑な活動やCSIRTの存在意義を高めることにもつながる。また、CSIRTの活動費用を得る上でも大きく貢献し、自組織におけるセキュリティマネジメント体制にさらなる成熟をもたらすだろう。

(5) 対外連携

インシデントハンドリングの項でも触れたように、CSIRTは自組織外の様々な組織と情報交換を行う。自組織から他組織への情報発信だけでなく、自組織外から情報を受領することもある。

インシデント発生時のみならずインシデントが発生していない状況でも情報交換は行われるため、適切なタイミングで適切な情報を交換できるよう、少なくとも次のプロセスについて定めておく必要がある。

- 自組織外の他組織に提供可能な情報種別および、提供可能なタイミング
- 受領した情報の重要度に関する判断基準および、それに基づく取り扱い基準
- 安全に情報連携するための通信路の確保および、情報の暗号化手順

(6) その他

CSIRTが守る対象（システムや人など）のリスクを特定し、対策を推奨する際の手順や情報収集に用いる情報源の取り扱い手順、関連する会議についての手順などを定めておくことが推奨される。

CSIRT構築後の運用において設計すべきプロセスは、ここで紹介したものだけではない。CSIRTが担当する役務や役割、自組織の置かれている状況を考慮した上で、他の必要なプロセスについても設計を検討してほしい。

2.3.2 改善

前項では、CSIRTの運用に必要なプロセスの設計について述べたが、CSIRTのプロセスは設計・構築すればそれで完了というものではない。CSIRTは構築することがゴールではない。また運用に必要なプロセスも設計して終わりというものではなく、設計したプロセスを状況に則して改善し続けることが重要である。

次にCSIRTの運用における改善プロセスの一例を示す。

(1) 年間運用計画の策定と運用費用の獲得プロセス

企業や組織の人的・物的資源を使用する活動である以上、CSIRTも当然ながら年間運用計画を策定しなければならない。この運用計画は、年度初めに作成するだけではなく、作成した運用計画がどの程度実践できているかを評価する必要がある。これにより、次年度以降の運用費用を計上することにもつながるからである。

具体的な業務目標の一例として、「重大インシデントの発生件数の減少」が挙げられるが、一般的にこの指標が改善したとしても、それがCSIRTの活躍の効果によるものかを測定することは難しい。このため、「CSIRTの業務内容を広げる」「技術的な問い合わせへの返答日数を削減する」といったCSIRTのプロセスそのものを改善する目に見える指標を、運用計画や業務目標として設定することが望ましい。

なお、これらの業務目標を策定するにあたって、定期的に実施すべきプロセスは次の通りである。

① 守備範囲の見直し

状況に応じて、守備範囲（CSIRTが守る対象）を広げることを検討する。CSIRTの構築初期は、守備の対象範囲をインターネットに接続するWeb関連に限定するなど、実際に対応できる範囲よりも小さく設定する場合がある。そのため、定期的な見直しのプロセスでは、守備範囲をそのままとする

か、あるいは拡大する必要がないかを検討してほしい。

② 業務内容およびレベルの見直し

　守備範囲の見直しに加え、CSIRTの業務内容およびそのレベルの見直しを行う。具体的には「これまで提供していなかったセキュリティ対策製品の評価」「システム導入時のセキュリティ設計支援」「現状のシステムでのセキュリティ対策状況のアセスメント」といった業務内容の見直しに加え、レベルの点でも、「これまでに提供していた脆弱性情報の流通だけでなく、脆弱性情報の検証環境を構築し、自組織内の検証情報を追加する」といった見直しを検討する。見直すべきか否かは、インシデント発生時の対応および、インシデント対応の評価とフィードバックから得られた情報に基づいて判断されるため、インシデント対応の評価を必ずフィードバックすることを心がけてほしい。

③ 自組織内外への啓発活動の見直し

　自組織の内外に向けた情報発信やCSIRTの運用方針の見直しを行う。自組織のCSIRTのプレゼンス向上は、チームのみならず、自組織にとっても重要である。そのため、CSIRTが自組織外の他組織に向けて行う情報配信や啓発活動についても必ず見直しを実施してほしい。

　具体的には、自組織外の他組織向けの公開レポートやブログにCSIRTの活動報告を盛り込んだり、自組織内で実施している従業員のリテラシー向上のための研修内容を見直したりするなどの活動を行う。

　これらの活動により、従業員や取引先からセキュリティに積極的に取り組む姿勢が評価され、ひいては自組織内でのセキュリティインシデントの発生を抑制する効果が期待できる。

　なお、これらのプロセスの見直しは、少なくとも1年に1回は実施してほしい。それにより運用計画・業務目標についても自ずと改善することができる。

(2) インシデント対応ノウハウの蓄積と他事例へのフィードバック

　CSIRTの業務としては、発生したセキュリティインシデントへの対応が中心となる。これにより、インシデント対応の知見と経験がチームメンバーや関連部門の担当者に蓄積されていく。しかしながら、それらの知見や経験が実際に対応したメンバー個人に限定されてしまうと、CSIRTの活動が属人的になり、人員の流動性を保つことができない。そうした状況に陥らないためには、インシデントへの対応ノウハウを蓄積し、チームメンバーの入れ替えにも備えなければならない。

　同様に、CSIRTと連携してインシデントに対応した部門の従業員以外に対応のノウハウが蓄積されないようでは、インシデント再発の可能性もあるため、CSIRT以外の部門にもフィードバックする仕組みが必要である。これによって、CSIRTの予備要員をCSIRT以外の部門に確保することも可能になり、インシデント発生可能性の低減、インシデント発生時の連携強化にもつながる。

(3) CSIRTメンバーの評価

　CSIRTのメンバーを評価するプロセスを設ける。CSIRTに所属して活躍することが自組織内で評価されるためにも、適切な評価の仕組みが必要である。それと同時に、メンバーのキャリアプランも形成する。

　キャリアプラン形成には、スキルセットや評価指標の定義が必要となる。また、メンバーの教育・研修についても定義しておく。教育・研修にはコストがかかるため、年間活動計画にも影響するが、メンバーのモチベーション維持のためにも人事評価の改善に努めてほしい。

(4) CSIRTで使用するツール類の整備・改善

　CSIRT内部でも様々なツールを使用する。詳細は後述するが、情報収集用の自組織内OAとは切り離されたインターネット接続環境、ログ分析用スクリプト、案件管理システムなどの導入をはじめとしたCSIRT内で使用するツール類の整備および改善を行う。また、CSIRTがインシデントを予防、

検知、対応する手順のうち、自動化できるものは積極的に自動化することが望ましい。

CSIRTの運用における改善プロセスはこれだけではない。構築・運用するCSIRTの状況に応じて、適切な改善プロセスの実践を心がけてほしい。

2.4 設備やシステム

本節では、CSIRTの業務に必要な設備やシステムについて紹介する。CSIRTが取り扱うデータには機微情報が含まれることが多いため、安全な状態で取り扱われなければならない。また、インシデントによっては普段利用しているシステムが使用できなくなる可能性も考慮する必要がある。

なお、本節で紹介する設備やシステムについては、自組織のCSIRTの業務内容に関連しない設備やシステムであれば必ずしも導入する必要はない。しかし、CSIRTの業務だけでなく、BCP（Business Continuity Plan：事業継続計画）や一般的なセキュリティレベルの向上にもつながるため、その側面でも本節を参考にしてほしい。

また、インシデント発生時に迅速かつ正確に対応するためには、平常時から設備やシステムを整備しておくことが重要である。特に設備の新規導入は物理的な作業量も多く、導入までに時間がかかることが予想される。インシデントの発生を事前に予測することは困難なため、いつ発生しても迅速に対応できるよう、日頃から環境整備や動作確認を実施してほしい。

2.4.1 CSIRT業務に役立つシステム

CSIRTの業務を円滑に行うためには、電子メールシステムやファイル共有サーバなどの情報を収集・共有するシステムや、案件管理システムのように脆弱性や対応の進捗を管理するシステム、ログサーバのようにインシデント発生時に解析するためのデータを保管するシステムなどを整備しておくと

よい。本項ではこれらのシステムの概要について解説する。

(1) 電子メールサーバ

電子メールサーバを構築し、メーリングリストを利用して情報を配信することで、関係者に情報を漏れなく共有し、時系列も記録することができる。メーリングリストのアカウント名を一本化してわかりやすく周知することで、報告者も容易に報告できるようになる。また、メールをアーカイブとして保存しておけば、後に監査証跡として活用することもできる。具体的な実現方法は「3.2 CSIRTが使うツール」で紹介するが、公開鍵暗号により送信者の真正性を担保し、メールの内容を暗号化することも可能である。

(2) 電話回線

緊急時は電話で連絡するほうが迅速かつ確実なこともある。業務時間外の報告もある場合は、留守番電話や転送機能などで報告を受け付ける体制を整える。また、人事異動などで担当者の電話番号が変わることもあるため、連絡網についても定期的にチェックする。インシデントに関わるような重要な連絡内容は、案件管理システムなどで対応記録として残しておく。

(3) インターネット回線

インターネットを活用して情報収集することにより、自組織に関わる脆弱性情報や攻撃の傾向を入手することができる。また、電話回線が使用できない状況に陥っても、インターネットを経由した通話サービスやメールを利用することで情報交換が可能となる。

(4) 情報共有システム

インシデント情報や脆弱性情報などはデータとして保管し、CSIRT内で共有することで、ノウハウを蓄積することができる。最もシンプルな例はファイルサーバのようにアクセス権限があるCSIRTメンバーのみがアクセスでき、情報の機密性などに応じて暗号化を施すものだ。他にも、ルールやノウ

ハウの蓄積を目的とした自組織内Wikiや知識ベース（Knowledge base）、スケジュール管理や電子決済などの機能をまとめたグループウェア、文章の同時編集が可能なノートシステムなどを整備しておくと、業務効率の向上を図ることができる。

（5）案件管理システム

　CSIRTの代表的な業務の1つに、インシデントの案件管理が挙げられる。案件管理をどこまで実施するかは、CSIRTが実際に行う業務内容による。たとえばインシデントの進捗管理の主な流れは、インシデントの受け付け、トリアージ、対処策の検討、対処の実行、案件のクローズなどであるが、インシデントがどの段階にあり、どのような優先度があるかを把握できる仕組みが必要である。また、インシデントは日々発生するものであり、特に深刻な脆弱性が公開された場合は、同時に何件ものインシデントを並行して管理しなければならないこともある。そのようなケースでは、案件管理システムを活用すると適切に管理できる。

　本項では、チケット管理システムを利用した管理方法を紹介する。チケット管理システムとは、案件ごとにチケットを発行し、進捗やステータスを記録して、共有する管理システムである。案件IDや対応者、進捗状況（対応中か対応完了か）を必須項目としておけば、取りこぼしを防止しやすい。

　さらに脆弱性やインシデントの種別、対処に必要なスキルや役割を記録しておくことで、統計情報を算出しやすくなり、CSIRTの業務に必要な今後の改善点が見えてくるだけでなく、振り返りや経営陣にCSIRTの業務内容を説明する際の数値的根拠にもなる。CSIRTが脆弱性について詳細に管理していたり、組織の規模が大きい場合は、組織に合わせた専用のインシデント管理システムを構築すると管理しやすいだろう。逆に規模が小さい場合は、スプレッドシートで十分管理できることもあるため、CSIRTの業務内容に則した適切な管理システムを利用してほしい。

(6) ログサーバなどのログ収集システム

　各システムやサーバのログは、インシデントの発生原因や事象を追究するための重要な手がかりとなる。攻撃された期間のログが残されておらず、いつ、どこから、何が原因で攻撃が成功してしまったのかを特定できる重要な情報が存在しなければ、今後の対策が検討できず、経営陣やユーザにも正確な情報に基づく報告ができない。

　ログが保存されていた場合でも、時刻同期や保存情報、保存期間、ログの改ざん防止などが各システムの管理者によって個々に管理されていると、インシデント対応に必要な情報が取得できない可能性もある。そのため、ログの保存については全システムを横断する形で検討し、ログ保存ポリシーとして文書化し、全システムに適用することが望ましい。当然ながら、CSIRTはログのポリシーの策定や見直しに積極的に関与すべきである。

　ログをログサーバに一元化して保存すれば、管理が容易になるという利点もある。また、攻撃者がサーバに侵入した場合、攻撃の痕跡を消すためにログの改ざんや削除が行われることもあるが、ログサーバに保存しておくことで、攻撃者はログサーバへも侵入しなければならず、改ざんや削除の難易度を上げることもできる。さらにSIEM（Security Information and Event Management）製品を用いれば、ログの一元管理だけでなく、ログを自動的に相関分析してアラートとして出力することも可能である。また、各システムのログサーバへアクセスできる環境を整備しておくと、インシデントへの迅速な対応も可能になる。

　自組織が攻撃されていることを発見するのに2ヶ月弱、外部からの通知で気づく場合は平均して約1年を要しているというレポート[14]もあることから、ログの保存期間については、最短でも1年間とすることを推奨する。ログの長期保存によりサーバのハードディスク容量が不足する場合は、磁気テープなどの記録媒体に移すことで、低コストでログを保存し続けることが

14）FireEye, Inc「M-Trends 2016」　https://www2.fireeye.com/rs/848-DID-242/images/Mtrends2016.pdf

できる。

　CSIRTがSOC機能も担う場合はログを監視し、異常があればアラームを鳴らすなどの仕組みがあると、異常を示すログを見落とす可能性を低減させることができる。

(7) ツール関連

　CSIRTの業務に役立つツールおよび、その使用環境には次のようなものがある。これらのツール自体に何らかの脆弱性が見つかる可能性もあるため、その場合に備えてそれぞれに自動アップデート機能があることが望ましい。

- インシデント防止ツール
  ファイアウォール、WAF、IPS、ウイルス検知ソフトウェアなど
- インシデント検知ツール
  IDS、SIEM、リソース監視ツールなど
- 製品評価ツールおよび環境
  セキュリティ製品を評価するためのツールおよび環境
- トレーニングツールおよび環境
  自組織のインシデント対応能力の維持・向上のためのツールおよび環境

(8) その他の備品

① プリンタ

　データを印刷するために必要となる。また、印刷されるデータが機密性の高い情報である可能性もあり、プリンタは安全な場所に設置されていなければならない。なお、プリンタにも脆弱性が見つかることがあるので、ファームウェアなどの更新を適宜行わなければならない。

② シュレッダー

紙に印刷された機密性の高い情報は、復元不可能な状態で破棄しなければならない。CDやDVDも物理的に破壊できるシュレッダーもある。また、紙を溶解することでシュレッダーよりもさらに安全性の高い形で破棄できるサービスもある。このサービスは破棄証明を求められる場合にも有効である。

2.4.2　事業継続性を考慮した設備

災害や設備故障時の事業継続についてはCSIRTの役務も例外ではなく、組織全体に関わる課題である。自組織にとって重大なインシデントが発生した場合は、災害や停電時でも対応しなければならない。CSIRTに必要な設備やシステムがサイバー攻撃により使用できなくなったり、DDoS攻撃でネットワーク帯域が圧迫され、インターネットに接続できないこともあるだろう。複数のインシデントが同時に発生すれば、同時並行的な対応を迫られる可能性もある。こうした状況に備え、次に紹介する設備の導入を検討してほしい。

(1) 予備のインターネット回線

あるインターネット接続事業者(ISP：Internet Service Provider)がDDoS攻撃により通信帯域を圧迫されても、他のISPには影響がない場合もある。予備として異なるISP回線を確保しておくと、インターネットの継続利用ができる可能性が高まる。

(2) 予備の電話回線

固定電話、インターネット電話、携帯電話、もしくは衛星電話など、様々な種類がある。これらの通信手段を2つ以上準備しておけば、回線を冗長化できる。

(3) 予備の電源やUPS

　停電時でも事業を継続するため、無停電電源装置（UPS：Uninterruptible Power Supply）や自家発電設備などを検討する。長期的な停電に対応できるだけの電力容量の確保が難しい場合もあるが、システムの保全の観点から、少なくともすべてのサーバや機器を安全に停止できるまでの間、電力を供給できる容量の予備電源を用意してほしい。

(4) 冗長化とバックアップ

　データやサーバについても冗長化やバックアップを準備しておくことが望ましい。何らかの理由でデータが損傷してしまった場合、バックアップを取得しておけば復旧ができる。ハードディスクの故障に対してはRAID（Redundant Arrays of Inexpensive Disks）技術を用いれば、1台のハードディスクが故障しても冗長化した他のハードディスクから復旧できることもある。サーバの故障に対しては、複数台のサーバを準備しておいて複数サーバで処理させる方法や、バックアップ用のサーバを準備しておいて故障時に切り替える方法、クラウドサービスを利用する方法などがある。また、災害時に建物自体が大きく損傷してしまう場合に備えて、バックアップ用のサーバを遠隔地に設置することも有効である。

(5) リモートアクセス環境

　災害やパンデミックの発生、交通機関の停止により出勤が困難なときには、エスカレーションを受ける立場の人員は自宅や外出先からでも自組織内のネットワークにアクセスできる環境が必要となる。

(6) 予備のパソコンやLANケーブルなど

　パソコンなどの故障時でもインシデント対応を継続するために、予備のパソコンやディスプレイ、マウスなどの周辺機器、LANケーブルなどを準備しておくとよい。

(7) 代替電子メール

CSIRTが通常利用している電子メールシステムが使用できなくなった場合に備え、代替の電子メールシステムや何らかのコミュニケーションツールを用意する。

2.4.3　機密性を考慮した設備

CSIRTが扱う情報には、個人情報や他の攻撃を誘発する可能性のある情報が含まれていることが多い。次に示す項目はその一例であり、機密性の高い設備で取り扱い、保管する必要がある。

- インシデント報告
- 公開された脆弱性に対する自組織の情報
- 電子メール
- 各種ログ

本項では、これらの情報を安全に取り扱うための設備について紹介する。

(1) 業務用ネットワークから隔離された環境

危険であるとわかっているファイルを開かなければならない場合やマルウェア解析は、業務用ネットワークから隔離された環境で実行し、挙動を確認することが望ましい。スイッチやルータ、ファイアウォールなどのネットワーク機器やセキュリティ機器によって論理的にネットワークを隔離させることもできるが、設定ミスや攻撃によってネットワーク機器自体が侵害される可能性もあるため、物理的に隔離したほうがより安全である。

ファイルを実行する環境は、仮想化ソフトなどを利用すればコンピュータの状態（スナップショット）をバックアップとして保存することが容易であるため、ファイル解析後に環境をもとに戻すことができる。ただし、仮想化ソフト自体に脆弱性が発見され、ホストOSにまで影響を与える可能性はゼロ

ではない。また、マルウェアによっては、仮想環境である場合や、インターネット上にある攻撃者のサーバと通信が成功しないと動作しないなどの挙動をとるため、注意が必要である。最新の攻撃手法や流行などを日々確認し、マルウェアの挙動を慎重に解析してほしい。

(2) 鍵のかかる部屋やキャビネット

　上述したような機密性の高い情報を取り扱う設備が設置されている部屋へは、許可されたCSIRTメンバーのみが入室でき、入退室が管理、記録されていなければならない。入退室管理を実現するための設備としては、暗証番号やカードキー、生体認証などがある。暗証番号は比較的低コストで導入できるが、暗証番号が他人に知られてしまった場合になりすましをされるおそれがある。カードキーは盗難や紛失、貸し借り可能といったデメリットがある反面、盗難や紛失に際しても無効化できるため、迅速に対応すれば悪用される危険性を低減することができる。

　機密性の高い情報は、鍵のかかるキャビネットや金庫などに保管し、鍵は情報取り扱い責任者が管理することが望ましい。

(3) 行動や操作の記録

　CSIRTメンバーの行動や端末の操作履歴を記録することも重要である。行動については監視カメラなどで記録することができる。これはCSIRTメンバーの不正を立証すると同時に、逆に身の潔白を証明する上でも活用することができる。行動が記録されていると意識させることは不正に対する抑止力になる一方、行動が監視されていることに対する精神的ストレスにもなりうるため、導入については慎重に検討する。

　操作履歴の記録には、操作ログの取得や操作画面をすべて録画する方法も有効である。これも行動の記録と同様に、不正や潔白を示す証拠となる。

2.4.4　インシデント対応時に活用できる設備

　影響力の大きな、原因不明のインシデントに対応する場合は、関係者全員で情報を共有し、意見を出し合い、解決の糸口をつかむことが早期解決のポイントとなる。そのためには多くの人員がインシデント対応に参加できる環境を整えることが重要である。本項で紹介する設備はすでに一部の組織で設置されているものだろう。これらの設備をインシデント発生時に利用できるように、平常時から整備しておく。

(1) 対策本部を立ち上げられる部屋

　インシデントの影響が大きな場合は、対策本部を立ち上げ、意思決定者を招集することで迅速に決断し、対応することができる。そのために対策本部を立ち上げるための部屋があるとよい。対策本部となる部屋は平常時には会議室として活用してもよいが、インシデント発生時には対策本部として優先的に利用できるようなルールを定めておく。

(2) 情報共有用の電話会議システム

　対策本部と現地対応するチームは物理的に距離が離れていることが少なくないため、電話会議による情報共有は有効である。しかし、マスコミに対応する広報チームや訴訟に備える法務チームなどの関連部門が必ずしも同じ電話会議で情報共有する必要はなく、各チームにとって必要な情報を対策本部を介して交換する方法もある。

(3) ホワイトボード

　対策本部にホワイトボードがあると、状況を把握しやすい。用途別(状況経過、連絡先チェックボード、影響範囲、復旧状況、全体概要図、役割体制図)に記述すると状況を理解しやすく、概要や時系列を記述したホワイトボードについては、インシデント発生中は消さずに残しておくと途中から参加した人員も現在の状況を把握することができる。

また、ホワイトボードの内容をWebカメラなどで共有できると、対策本部以外の人員も状況を把握でき、その結果、説明する手間も省けるため、対策本部の対応者はインシデント対応に集中することができる。壁に貼り付けるタイプの簡易的なホワイトボードもあり、これは通常のホワイトボードよりも安価で、場所をとらないため、スペースが足りなくなったときの予備としても利用できる。マーカーも複数の色を準備しておくとよい。たとえば、時系列は黒色、決定事項は赤色を使うなど、色別のルールを決めておけば、ホワイトボードの記載内容を把握しやすくなる。

(4) プロジェクタや液晶テレビ(モニタ)

　プロジェクタや液晶テレビを利用すれば、打ち合わせ時に資料を全員で確認でき、議論しやすい。プロジェクタは比較的大きな画面を確保しやすく、またホワイトボードに投影すれば、投影したまま書き込みもできる利点がある。液晶テレビなどで設備の稼働状況や誰がどの業務を担当しているかを表示しておけば、現状を把握しやすい。プロジェクタと異なり、液晶テレビは常時稼働させても、発熱や劣化が少ないという利点がある。

(5) 担当者を識別するためのユニフォームや腕章

　インシデント対応中は人の動きや部屋の出入りが激しくなる。対応が数日にわたると担当者が交代することもあるため、誰が統制やPoC (Point of Contact) などの役割を担っているのか、一目で認識できるように色分けしたユニフォームや腕章を付けておくとよい。これはインシデント発生時に限ったことではないが、平常時でも一目でCSIRTメンバーを識別できる仕組みを導入すれば、部外者の入室を容易に識別することができる。

(6) 持ち運びできるパソコン、記録媒体、リピータハブ[15]

　CSIRTの守備範囲として遠隔地のインシデント対応も含んでいる場合は、

---

15) 1つのホストから受信したデータをそのまま他のすべての端末に送信するハブ（集線装置）。

時には遠隔地へCSIRTメンバーが赴き、対処する必要もあるだろう。そのため、ノートパソコンのように持ち運びできるパソコンを準備しておくことが望ましい。このようなパソコンの用途としてはパケットキャプチャ（ネットワーク上を流れるパケットの採取）や感染端末のディスクコピーなども考えられるため、ディスク容量に余裕のあるものを選定する。

また、フォレンジックでは、調査対象のデータの改ざんができないような形で保全する必要がある。フォレンジックまで実施するCSIRTは、インシデント対応のため、データ保全用のクリーンな記録媒体を準備しておくとよい。

パケットキャプチャが必要な場合、通常はネットワークスイッチなどにミラーポート[16]を設定することが多いが、そのような機能を有していないスイッチの場合、リピータハブがあるとパケットをキャプチャできる。ただし、リピータハブを経由するネットワーク構成に変更するために、ネットワークの切断が発生する。また、リピータハブの処理能力によっては遅延やパケットの欠落が生じることもあり、注意が必要である。

2.5　対外連携

迅速で正確なセキュリティインシデント対応には、セキュリティインシデントが自組織で発生した際の対応方針をあらかじめ整理しておく必要がある。しかし、すべてが想定通りに対応できるとは限らず、自組織内だけでの解決が困難な場合もある。このようなときに相談を受け付け、対応支援やアドバイスを行う機関が存在する。

また、セキュリティインシデントに関する情報の共有や脆弱性を発見した際の連絡窓口、自組織のWebサイトを模した偽サイト（フィッシングサイトなど）を発見した際の報告先、他組織のCSIRTとの情報連携の場など、様々な

---

[16] スイッチやルータの持つ機能の1つ。特定のポートが送受信するデータをコピーし、別のポートから送出する機能。コピーしたデータをLANアナライザなどで受信し、収集するためなどに利用される。

機関がある。本節では表2-18に示すセキュリティインシデントに関する窓口を提供している機関について紹介する。

表2-18 セキュリティインシデントに関する窓口を提供している機関

インシデント内容	窓口を提供している機関
セキュリティインシデントの相談/報告	IPA、JPCERT/CC
セキュリティインシデント情報共有	IPA、JPCERT/CC
脆弱性を発見した際の報告先	IPA
フィッシングサイトに関する相談	フィッシング対策協議会、JPCERT/CC
CSIRT同士の情報交換の場の提供	NCA、APCERT、FIRST

2.5.1　セキュリティインシデント発生時の報告窓口

(1) 独立行政法人 情報処理推進機構(IPA: Information-technology Promotion Agency)

　情報処理推進機構(IPA)は経済産業省所管の独立行政法人であり、コンピュータウイルスや不正アクセスに関する報告を受け付けている。標的型サイバー攻撃を受けている組織の対応支援を目的としたサイバーレスキュー隊(J-CRAT)や、標的型攻撃メールと思われるメールを受信した際の相談窓口である「標的型サイバー攻撃の特別相談窓口」を設けている。

(2) JPCERT/CC(Japan Computer Emergency Response Team Coordination Center)

　JPCERT/CCではセキュリティインシデントに関わる報告の受け付け、対応の支援を行っている。国内外のCSIRTと連携を図り、発生したセキュリティインシデントの連絡を受け、依頼に応じて対応している。たとえば、自組織に悪影響を及ぼすような不正なサイトが海外に存在する場合、海外のCSIRTと連携を図り、当該サイトの閉鎖に向けた調整を行う。他にもフィッシングサイトや、Webサイト改ざん、標的型攻撃、ポートスキャン、

DDoS攻撃などのセキュリティインシデント対応の支援、インシデントに関する調整業務を実施している。

2.5.2 脆弱性情報を発見した際の報告先

（1）IPA

脆弱性関連情報の適切な流通および対策の促進を図り、インターネット利用者に対する被害を予防することを目的として、経済産業省により脆弱性情報の報告の受付機関として指定された機関である。JPCERT/CCなどの組織と連携して、コンピュータウイルス、不正アクセスなどによる被害発生を抑制するために、国内におけるソフトウェアなどの脆弱性関連情報を適切に取り扱うための指針である「情報セキュリティ早期警戒パートナーシップガイドライン」を策定、運用している。

IPAでは次のような脆弱性情報を受け付けている。

① ソフトウェア製品脆弱性関連情報

OSやクライアントPC上のソフトウェア、サーバ上のソフトウェア、プリンタやICカードなどのソフトウェアを組み込んだハードウェアに対する脆弱性。脆弱性そのもの以外でも、検証方法や攻撃方法、回避方法などの情報について報告を受け付けている。

② ウェブアプリケーション脆弱性関連情報

インターネットのWebサイトなどで、主に公衆に向けて提供するサイト固有のサービスを構成するシステムに関する脆弱性。

ソフトウェア製品脆弱性関連情報についてはIPAが受け付けた後、JPCERT/CCが脆弱性情報の取り扱いについて調整を行う。具体的には、一般公表前に脆弱性関連情報を製品開発者に連絡し、対応（パッチ、回避策などの作成）を依頼する。同時に、製品開発者に加え海外の関係機関とも連携し、脆弱性関連情報を全世界で同時に公表するために、一般公表日の調整も実施している

（図2-9）。

図2-9 脆弱性関連情報流通体制

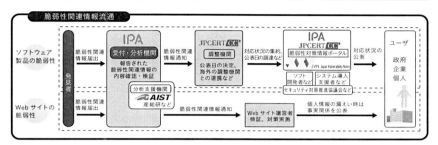

出典：http://www.ipa.go.jp/security/ciadr/safewebmanage.pdf

2.5.3 セキュリティインシデント情報共有

(1) IPA

　サイバー攻撃による被害拡大防止のため、重要インフラで利用される機器の製造業者を中心に、情報共有と早期対応の場として、サイバー情報共有イニシアティブ（J-CSIP：Initiative for Cyber Security Information sharing Partnership of Japan）を発足させ、サイバー攻撃に関する情報共有体制の運用を行っている（図2-10）。

図2-10 J-CSIPの概要

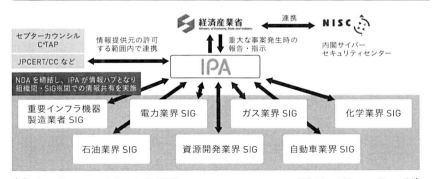

出典：https://www.ipa.go.jp/security/J-CSIP/　　　　　　　SIG：Special Interest Groupの略

図2-11 早期警戒情報の提供について

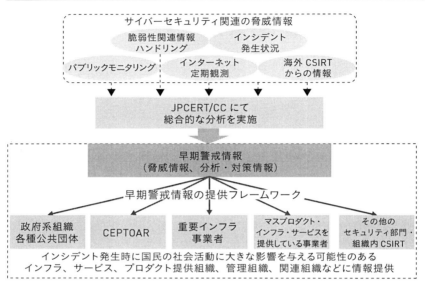

出典：https://www.jpcert.or.jp/wwinfo/

（2）JPCERT/CC

脆弱性情報ハンドリング、セキュリティインシデントハンドリングから得られる、国内外の脅威情報を総合的に分析し、国内の重要インフラ事業者に向けて、注意喚起や対策方法の情報を「早期警戒情報」として発信している（図2-11）。また、各組織が適切なセキュリティインシデント対応を行えるよう、組織内CSIRT構築の支援やサイバーセキュリティ演習の実施に関する支援も行っている。

2.5.4　フィッシングサイトに関する相談

（1）フィッシング対策協議会

フィッシング詐欺に関する事例情報、技術情報の収集および提供を中心に、日本国内におけるフィッシング詐欺被害の抑制を目的として活動する組

図2-12 フィッシング対策協議会の活動概要

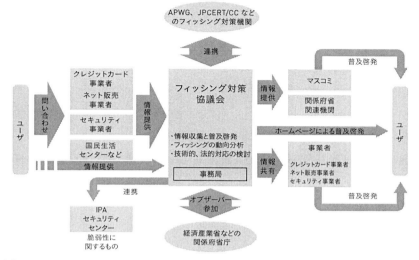

出典：https://member.antiphishing.jp/about_ap/org_chart.html

織である（図2-12）。フィッシング対策協議会は自組織のWebサイトに限らず、他組織の正規のWebサイトを模倣したフィッシングサイトについての報告を受け付けている。また、JPCERT/CCと連携し、報告されたフィッシングサイトの閉鎖対応も行っている。しかし、実際に閉鎖されるまでには長い期間を要する場合もあるため、フィッシングサイト情報をフィッシング対策協議会の公式サイトに公開し、さらなる被害を防止している。

(2) JPCERT/CC

JPCERT/CCではフィッシングサイトの閉鎖依頼に関する報告を受け付けている。JPCERT/CCからフィッシングサイトが設置されているホスティング事業者などに対し、フィッシングサイトが公開されていることを連絡し、フィッシングサイトの停止を調整する。

図2-13 日本シーサート協議会（NCA）の活動概要

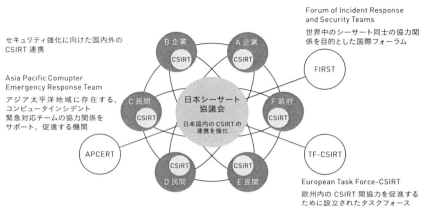

出典：http://www.nca.gr.jp/imgs/ncabrochure201106.pdf

2.5.5　他組織CSIRTとの情報連携

（1）日本シーサート協議会（NCA：Nippon CSIRT Association）

　セキュリティインシデントに適切に対処するためには、同じような状況や課題を持つCSIRT同士の緊密な連携と、様々なセキュリティインシデントの関連情報、脆弱性情報、攻撃予兆情報などをそれぞれ収集し、積極的に共有することが有効である。このため、共通の問題を解決する場を設けることを目的として設立されたのが、日本シーサート協議会である（図2-13）。

　情報連携の場としては、四半期に一度開催されているシーサートワーキンググループや、そのサブワーキンググループとしてのシーサート課題検討サブワーキンググループ、シーサート構築推奨サブワーキンググループなどがある。なお、ワーキンググループに参加するには、原則として日本シーサート協議会に加盟する必要がある（加盟前でも参加できるワーキンググループもある）。

(2) APCERT (Asia Pacific Computer Emergency Response Team)

　アジア太平洋地域のCSIRTを中心とするコミュニティ。APCERTでは、アジア太平洋地域におけるCSIRT間の協力関係の構築、セキュリティインシデント対応時における連携の強化、円滑な情報共有、共同研究開発の促進、インターネットセキュリティの普及啓発活動、域内のCSIRT構築支援などの活動を行っている。

(3) FIRST (Forum of Incident Response and Security Teams)

　FIRSTは世界中のCSIRTが相互の情報連携やセキュリティインシデント対応に関する協力関係を構築する目的で設立された組織であり、74の国・経済地域から345チームが加盟している（2016年3月1日現在）。FIRSTでは年に数回、メンバーのみの会合（TC：Technical Colloquiumなど）を開催するとともに、年次会合を開催しており、最新のセキュリティ関連技術についてのチュートリアルや講演も行っている。なお、この年次会合はFIRSTのメンバー以外も参加できるオープンな国際会議である。また、既存のFIRST参加メンバーが親睦を深め、新たなチーム同士の連携を促す場にもなっている。

■コラム　CSIRTにおけるcapabilityとcapacity

　CSIRTは構築さえすればそれで完成するものではなく、運用開始後に縦にも横にも伸び縮みする「生き物」のようなものである。ここではCSIRTのカギとなる「capability」と「capacity」という2つの用語について説明する。

　「capability」には「機能」や「性能」の意味があり、「capacity」には「能力」や「潜在的な可能性」という訳語があてられることが多い。CSIRTにおけるcapabilityとは「CSIRTが担うべき役割」を、またcapacityとは「CSIRTが発揮できる能力および潜在的な可能性」を意味する。

　昨今のCSIRTではcapabilityにのみ注力し、CSIRTのcapacityには関心が低く、役割をリストアップするだけといった構築事例が見受けられる。

　冒頭でCSIRTは縦にも横にも伸び縮みすると記した意図は、まさにこの「CSIRTが発揮できる能力および潜在的な可能性」を言いたいがためであり、CSIRTを構築する上ではcapacityにも目を向けることが求められる。

　「CSIRTはセキュリティ組織であるから、最初から完璧なものでなければならない」と言われることがある。しかし、これは大きな間違いである。CSIRTは運用できることを最優先に構築し、できるところから手をつけて実績を積んだ上で、対象範囲や業務内容を広げていくのがよい。

　CSIRTの構築当初はcapabilityばかりに着目してしまうのは避けようがない。しかし、対象範囲や業務内容を拡充できる能力をcapacityとして定義し、CSIRTの可能性や将来性を意識して構築、運用することも必要である。CSIRTにおけるcapabilityとcapacityは、どちらが欠けてもうまくいかないため、両方を意識して運用しなければならない。

第3章 応用知識

この章ではCSIRTを様々な側面から多角的に掘り下げていく。まず、CSIRTを構築するにあたり、組織の中でどのような位置付けにするのかを検討する際には「3.1　CSIRTの分類」を参考にしてほしい。次に、構築後のCSIRTが業務で用いる一般的なツールについては、「3.2　CSIRTが使うツール」で紹介している。また、実際のインシデント対応の例としては「3.3　CSIRTのケーススタディ」が参考になるだろう。最後の「3.4　CSIRT評価モデル」は、自組織のCSIRTに対する評価軸となる。

　しかし、これから述べる分類やモデルはあくまでも一般化されたものであり、当然のことながらすべての組織にそのまま適用できるわけではない。本書を参考に、それぞれの組織の実状に合わせたCSIRTを構築、運用してほしい。

3.1 CSIRTの分類

3.1.1 現実世界との対比

　CSIRTの役務はしばしば消防署の仕事にたとえられる（図3-1）。たとえば、インシデント対応は消火活動に、インシデントの予防は防火活動に、インシデントの原因調査は火災の原因調査に、といった具合である。また、CSIRTにとって日頃の訓練が大切であることも、消防署と同じである。

　消防組織としては、消防署だけでなく消防団もある。消防署の消防官と消防団員との違いを見ると、まず消防官は常勤スタッフで、消防の専門家であり、火災が起きるとすぐさま出動できる勤務体制にある。一方、消防団員は普段は本業に従事し、火災発生時に現場に駆け付ける非常勤スタッフであり、地域のことを詳しく知っている。

　スタッフという観点でCSIRTを消防署や消防団と比べると、共通点が見えてくる（図3-2）。CSIRTに常駐し、インシデント対応を専門に行うメンバーは消防官、一方、普段は配属先の部門の業務を行い、インシデント発生時にCSIRTに合流する非常勤のメンバーは消防団員にあたるであろう。

　CSIRTの主な活動は、自組織の内外から寄せられた情報への対応であり、CSIRTにとって情報がすべてである。しかし、自組織内の人々から、CSIRTに報告すると不利な立場に立たされるのではないかと警戒されることがあっては、肝心の情報が集まらなくなる。これはCSIRTにとって致命的である。このため、情報収集が妨げられるような役目をCSIRTが負うのは得策ではない。内部犯行調査など情報収集が妨げられるような業務も行うのであれば、該当する作業を限定し、できるだけその内容を明確に定義しておくべきである。このため米国などではCSIRTと、コンピュータセキュリティに関わる内部犯行や法的な問題に対処する部門とを分けて設けている組織もある。

　第1章の「1.2.3　CSIRTの業務」では、インシデントの優先順位を付けるにあたって、CSIRTでは「トリアージ」を行うと説明した。トリアージとは

図3-1 | 消防署とCSIRT

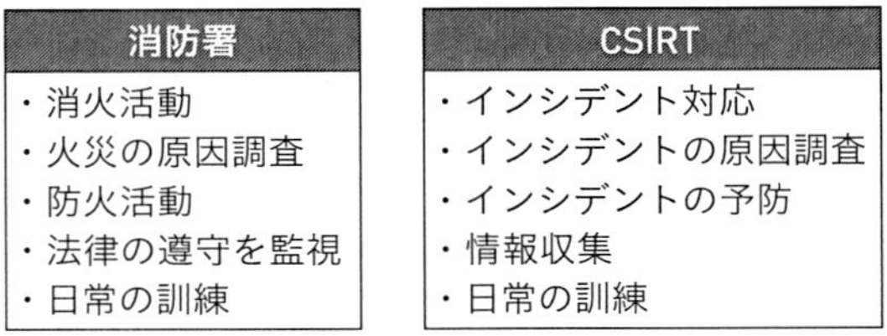

消防署	CSIRT
・消火活動 ・火災の原因調査 ・防火活動 ・法律の遵守を監視 ・日常の訓練	・インシデント対応 ・インシデントの原因調査 ・インシデントの予防 ・情報収集 ・日常の訓練

図3-2 | 消防官と消防団員と、CSIRTの専任と兼務

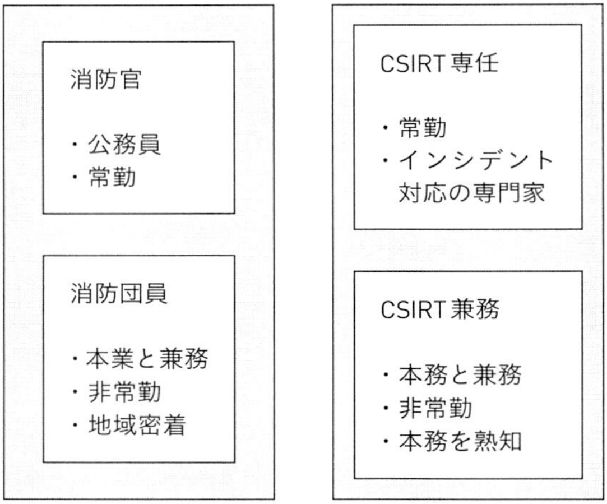

消防官 ・公務員 ・常勤	CSIRT専任 ・常勤 ・インシデント対応の専門家
消防団員 ・本業と兼務 ・非常勤 ・地域密着	CSIRT兼務 ・本務と兼務 ・非常勤 ・本務を熟知

図3-3 | 緊急医療との比較

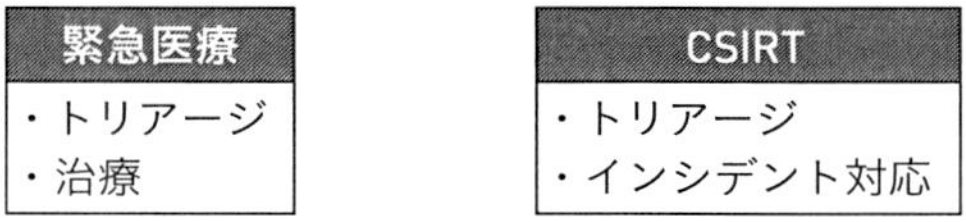

緊急医療	CSIRT
・トリアージ ・治療	・トリアージ ・インシデント対応

本来、緊急医療で使われる言葉であり、患者の重症度に応じて治療の優先順位を決めることを意味している。

CSIRTの活動は緊急医療とも共通点がある（図3-3）。重大な事故が発生して多数の患者が出ると、救命スタッフがトリアージを行うように、CSIRTもインシデント発生時にはトリアージを行う。緊急医療での治療は、CSIRTにとってインシデント対応に相当する。医療チームは伝染病の蔓延を防ぐ努力をし、CSIRTはコンピュータセキュリティの被害の拡大を防ぐべく行動する。

3.1.2　CSIRTの実装モデル

図2-3（p.47）で紹介したように、独立した実組織として専任のメンバーが運用しているCSIRTもあるが、複数の部門から集まったメンバーが、部門の業務と兼務しながら運用するCSIRTも多い。後者のCSIRT体制を、一般的に「仮想チーム（バーチャルチーム）」と呼ぶことがある。普段、メンバーは配属先の部門でそれぞれ業務を行っているが、インシデント発生時にはCSIRTとして集合し、対応にあたる。

注意していただきたいのは、仮想チームが陥りかねない曖昧性である。部門の業務とCSIRTの業務との切り替え基準や、CSIRTにおける担当者の責任の範囲が不明確なことがよくある。このような基準や責任範囲が不明確な状況でインシデント対応を迫られると、要員確保や実効性のある活動が困難になり、CSIRT自体が曖昧な存在になってしまう恐れがある。

CSIRTの立ち上げに際し、そのメンバーを専任にすべきか、それとも兼務がよいのかが検討課題となることがある。コストの面から兼務の形をとる組織も多い。しかし兼務の場合でも、日頃の訓練に加え、最新のセキュリティ動向や技術の追究は必要である。これは専任の場合とまったく変わらない。兼務とするならば、部門とCSIRTの業務割合を決めておく、インシデント発生時には部門の仕事を中断してCSIRTに専念できる体制を整える、などの環境整備が必要不可欠である。

一方、多くの組織ではCSIRTの役務の明確化や人材の確保という点から、CSIRTに多数の専任を投入することは難しい。場合によっては、1人の担当者が、CSIRTの専任として各部門のセキュリティ担当者と協力しながらインシデント対応を行うことも珍しくない。

　CSIRTの業務内容は多岐にわたるため、設立にあたっては専任・兼任を問わず複数名のスタッフを確保することが望まれる。それが難しいならば、まずは担当者1名でスタートするという方法もある。また、中小企業の場合、人員確保の点から担当者1名でCSIRTを設立・運用せざるを得ないかもしれない。そのようなケースでは、以下の点に留意すべきである。

- 担当者1名で対応している状況を、経営層や管理層に十分理解してもらうこと
- 担当者の行動がしやすくなるよう、適切な権限や業務範囲を与えること
- 業務分担や兼務体制などによるインシデント対応の組織化の可能性を追求すること

　以下ではCSIRTの分類について解説する。2.1.1ではCSIRTの業務形態の観点から分類したが、ここでは体制という側面からCSIRTを分類してみる[1]。

（1）対策本部型CSIRT（セキュリティチーム）
（2）分散型CSIRT
（3）集中型CSIRT
（4）統合（分散／集中）型CSIRT
（5）調整型CSIRT

---

1) JPCERT/CC「CSIRTマテリアル 組織内におけるCSIRTの形態　CSIRTの分類」
https://www.jpcert.or.jp/csirt_material/files/05_shape_of_csirt20151126.pdf

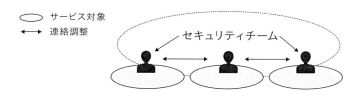

図3-4 　対策本部型CSIRT（セキュリティチーム）

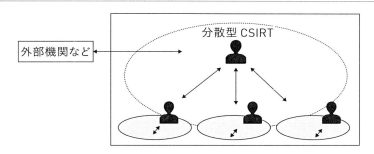

図3-5 　分散型CSIRT

（1）対策本部型CSIRT（セキュリティチーム）

インシデントが発生する都度、既存のIT部門の従業員、システム管理者やネットワーク管理者などのメンバーを集めて対策本部を設置する形態である（図3-4）。組織の形態をとらないので、コストを低く抑えられるというメリットがある。その反面、正式なCSIRTではなく、インシデント対応のみを目的としているため、業務内容や範囲は限定的となる。この体制の課題は、外部の組織に対する窓口としてはほとんど機能しない点である。

（2）分散型CSIRT

CSIRTの統括や調整を行う責任者のもと、自組織内の関連部門の従業員を兼任でバーチャル（仮想的）にCSIRTのメンバーとして指名する（図3-5）。何名かのメンバーをCSIRT専任とすることもあるが、多くは部門業務との

図3-6 集中型CSIRT

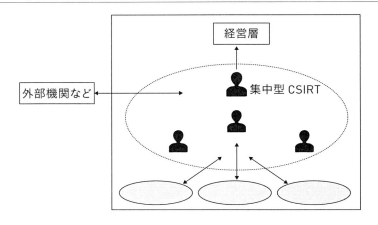

図3-7 統合（分散/集中）型CSIRT

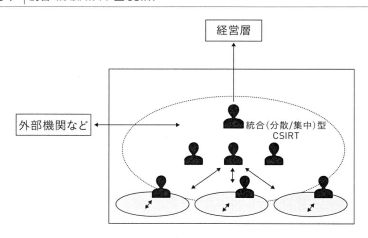

兼務で、インシデント発生時にCSIRTの一員として対応にあたる。なお、先に紹介した対策本部型CSIRTと異なり、自組織外の他組織に対して連絡窓口としての役割を果たすことができる。

図3-8 調整型CSIRT

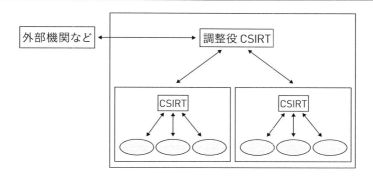

(3) 集中型CSIRT

組織体制上の部門として、CSIRTを組織化し（図3-6）、経営層への報告義務などを含めてインシデント対応の役割を担う。基本的にメンバーはCSIRT専任で構成するため、CSIRTの役務に集中できる。これには多彩なCSIRTの役務に対応できるメリットがある反面、人材面での手当てが課題となる。分散型CSIRTと同様に、自組織外の他組織に対して連絡窓口としての役割を果たすことができる。

(4) 統合(分散/集中)型CSIRT

分散型と集中型を合わせた言わばハイブリッドタイプのCSIRTである（図3-7）。インシデント発生時には各部門からCSIRTのメンバーとして参画してもらう体制をとるため、現場に即した対応が可能である。また、独立した組織として責任を持って活動できる。分散型CSIRTと同様に、自組織外の他組織に対して連絡窓口としての役割を果たすことができる。

(5) 調整型CSIRT

自組織内に複数のCSIRTを保有する場合に、CSIRT間の調整役を果たすCSIRTである（図3-8）。調整型CSIRT自体は、分散型、集中型、統合型など

| 図3-9 | グループ企業 |

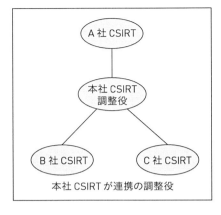
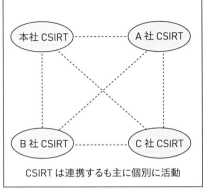

の体制で構成することになる。

3.1.3　グループの実装モデル

　ここでは企業グループの連携のモデルを紹介する。本社だけでなく、グループ内の企業もそれぞれCSIRTを運営していることがある。本社のCSIRTが調整役となって、CSIRT同士の連携を図る企業グループ（図3-9左）もあれば、連携は行う一方で、どのCSIRTも自律的に個別に活動している企業グループもある（同図・右）。また、両方の特徴を活かしたモデルとして、グループ内の企業のCSIRTがそれぞれ自律的に活動しつつ、本社のCSIRTが調整役となって全体をまとめる形態もある。

　上述の企業グループの連携のモデルは、地域におけるCSIRTの連携にも応用できる。地域の自治体であれば、県のCSIRTが調整役となって市のCSIRT同士の連携を図ることができるであろう（図3-10）。また、地域の企業にCSIRTが設置されている場合には、その地域の自治体CSIRTと協力してコミュニティを作り、連携することも可能となる。CSIRTを設置していない企業にもコミュニティ参加を呼びかけ、セキュリティ担当者に参加してもら

図3-10 地域の連携の例

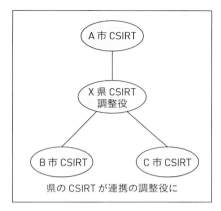
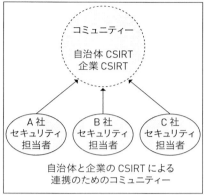

うことで活動の広がりも出てくる。

　インターネットの世界に境界がないとは、よく言われることである。企業や自治体の区別なく、あらゆる組織がインシデントに巻き込まれる可能性があることから、組織の枠を越えて連携できるように心がけるべきである。

3.2　CSIRTが使うツール

　CSIRTの業務に用いる設備には、必要であることはわかっていても、具体的に何を揃えればよいのか、何を参照すればよいのかなど、わかりにくいものも多い。そこで本節では、具体的なツールや情報源を挙げ、それが何に使えるものなのかを述べていく。ツールや情報源の利用については流行り廃りもあるが、定番とされるツールや情報源もある。そしてその選択方法がわかっていれば、利用するツールも選定しやすくなる。

　なお、本書に記載しているツールは、必ずしもすべてを使わなければならないわけではない。自組織の状況やCSIRTとしての業務内容と範囲に応じて取捨選択してほしい。

　CSIRTで使われるツールは次の2つに分類することができる。

- 平常時の業務でも使用するプログラムや情報など
- インシデント対応および、インシデント対応の要否を判断するための業務で使用するプログラムや情報など

本節では、特に後者の「インシデント対応および、インシデント対応の要否を判断するための業務で使用するプログラムや情報」を取り上げる。また、「平常時の業務でも使用するプログラムや情報」のうち、インシデント対応において非常に有用なツールについても紹介する。

3.2.1 CSIRT業務に欠かせない情報

CSIRT業務に欠かせない情報として、自組織で使用するハードウェアやソフトウェア、ネットワーク構成をはじめとする資産がある。これらの資産に関する情報は、多くの場合、インシデント対応時に必要となる。可能な限り事前に資産情報を収集しておくことで、インシデント対応の初動にかかる時間を短縮することができる。収集する情報そのものが重要であるが、その情報を得るためのツールもまた重要となる。

3.2.2 資産を管理するためのツール

資産管理をするために、必要な情報をどのように取得していくかは、CSIRTを運用する組織の特徴やIT部門の業務スタイル、そして導入システムに依存する。資産管理をするためのツールには、商用だけでなく、OSS（オープンソースソフトウェア）のものもある。

(1) 資産管理システム
- Asset Manager（Hewlett Packard Enterprise）
- SARMS（OSSの資産管理ツール）　http://www.sarms.jp/summary/
- GLPI（OSSの資産管理ツール）　http://www.glpi-project.org/

(2) ネットワーク管理システム
- HP OpenView Network Node Manager
  http://h50146.www5.hpe.com/products/software/oe/linux/mainstream/product/software/openvew/nnm/

なお、必要に応じてCSIRTが自前で調査する可能性も視野に入れておく。たとえば、ネットワーク上の機器の存在確認には、nmap (https://nmap.org/) のようなネットワークスキャナの使用も考えられる。

ただしnmapのようなネットワークスキャナによるスキャンは時間がかかるだけでなく、自組織内のネットワークでの実施が各種セキュリティ機器による警告を引き起こすことも考えられる。CSIRTが自前でこのような形での調査を行う場合には、関係部門との調整を経た上で実施しなければならない。また、外部と完全に分断されたネットワークや論理的に分割されたネットワークが存在することもあるため、自前で調査を行う場合には、ある程度、結果の網羅性を犠牲にする妥協も必要である。網羅性を重んじるあまりに本来のインシデント対応が後手にまわってしまっては、本末転倒である。

3.2.3 公開情報

脆弱性情報の公開やインシデントの予兆検知だけでなく、自組織外の他組織で発生したインシデントをふまえて自組織での対策準備を行うことができれば、未然防止も含め、より良い形でのインシデント対応が可能となる。つまり、信頼できる情報源を選定して定期的に内容を確認し、必要に応じて確認頻度を上げながら活用していくことで、プロアクティブな対応にも利用できる。たとえば、次に示す公開情報は、信頼できる情報源として活用できるであろう。

- IPA
- JPCERT/CC

- CERT/CC
- NIST（National Institute of Standards and Technology、米国立標準技術研究所）
- JVN　（Japan Vulnerability Notes）
- セキュリティ分野で一定の評価を得ている企業のホワイトペーパー類
- セキュリティ分野で一定の評価を得ているblog類
- セキュリティ分野で一定の評価を得ているTwitterアカウント
- SANS
- The Hacker Newsをはじめとする、すでに一定の評価を得ている情報源

3.2.4　メンバーとして参加することで得られる情報

　情報源には、商用のものや無償公開されているもの以外に、一般には公開されていないが、条件を満たした組織が必要な手続きをとることで取得、参照できるものがある。たとえば、JPCERT/CCが提供する早期警戒情報やISAC（Information Sharing and Analysis Center）が取り扱う特定分野のセキュリティ情報がこれにあたる。

- JPCERT/CC早期警戒情報の提供について
    https://www.jpcert.or.jp/wwinfo/
- 一般社団法人 ICT–ISAC
    https://www.ict-isac.jp/
- 一般社団法人 金融ISAC
    http://www.f-isac.jp/

　また、グローバルなCSIRTコミュニティであるFIRST（Forum of Incident Response and Security Teams、https://www.first.org/）に加盟することで、コミュニティで流通する情報を参照できる。
　他にも自組織にとって必要な情報を有償で提供するサービスもあるので、

図3-11 Traffic Light Protocolの概要

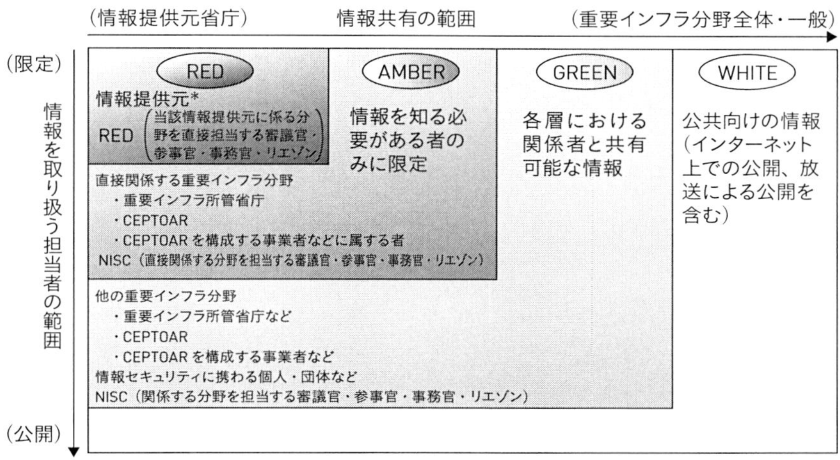

```
                    （情報提供元省庁）      情報共有の範囲      （重要インフラ分野全体・一般）
（限定）    ┌─────────────────────────────────────────────────────────┐
            │    ( RED )          ( AMBER )      ( GREEN )     ( WHITE )  │
情          │  情報提供元*        情報を知る必    各層における   公共向けの情報 │
報          │  ┌当該情報提供元に係る分┐ 要がある者の    関係者と共有   （インターネット │
を          │  │野を直接担当する審議官・│ みに限定       可能な情報     上での公開、放 │
取          │RED│参事官・事務官・リエゾン│                              送による公開を │
り          │  └─────────────┘                              含む）      │
扱          │  直接関係する重要インフラ分野                                  │
う          │   ・重要インフラ所管省庁                                       │
担          │   ・CEPTOAR                                                   │
当          │   ・CEPTOARを構成する事業者などに属する者                      │
者          │   NISC（直接関係する分野を担当する審議官・参事官・事務官・リエゾン）│
の          │                                                               │
範          │  他の重要インフラ分野                                          │
囲          │   ・重要インフラ所管省庁など                                   │
            │   ・CEPTOAR                                                   │
            │   ・CEPTOARを構成する事業者など                               │
            │  情報セキュリティに携わる個人・団体など                         │
            │  NISC（関係する分野を担当する審議官・参事官・事務官・リエゾン）  │
（公開）    └─────────────────────────────────────────────────────────┘
```

＊重要インフラ所管省庁が「RED」情報の情報連絡を行った場合は、情報提供元は当該重要インフラ所管省庁となる
※情報共有レベルが明示されない場合の原則
　情報は「AMBER」として取り扱い、情報源（情報提供者名）は「RED」として取り扱う

出典：http://www.nisc.go.jp/conference/seisaku/kihon/dai9/pdf/9siryou_ref04.pdf より引用

■ コラム　Traffic Light Protocol

　限定的に公開される情報には、Traffic Light Protocol (TLP) と呼ばれる取り決めに従ったラベルが付与されることが多い。
　Traffic Lightとは、道路に設置されている信号を意味する言葉だが、TLPはまさに信号が示すように「Red (赤)」「Amber (黄)」「Green (緑)」の3つの「色」で、情報共有レベルを明示する。情報共有レベルと共有範囲の参考資料を図3-11に示す。

そのようなサービスの利用を検討してみるのもよいだろう。
　ここで留意すべき点は、情報の種類によって配布可能な範囲が変わるという点である。特に、メンバーとして参加することで得られる情報は、再配布に際して制約をともなうものが多い。情報源ごとに再配布時の条件を確認

し、展開する必要がある。

それぞれの色は、次のような意味を持っている。

- Red：情報共有は、情報提供元に限定される
- Amber：情報共有は、情報を知る必要がある者のみに限定される
- Green：情報を受け取った団体と関係のある範囲に共有可能

　TLPでは、上述以外に「White（白）」が定義されており、これは公開可能な情報とされている。

　TLPによるラベルが付加された情報を受け取った場合には、上述のような解釈を行い、もし運用上、配布範囲に関する疑問などが出てきた場合には、情報の送信元に確認を行うべきである。手間や時間がかかったとしても配布範囲をはっきりさせて情報共有を行わなければならない。また、情報の再配布を想定しているのであれば、送信元にTLPで規定されたラベルごとの配布範囲をあらかじめ確認し、遅滞なく必要な範囲に情報の再配布を行えるよう準備しておくことが重要である。

3.2.5　安全な電子メールシステム

　電子メールは、CSIRT間で情報をやりとりするために使われる最もポピュラーな手段の1つである。まず、電子メールシステムを用いて授受する情報の多くはインターネット経由でやりとりする。当然、インターネット経由でのやりとりは、メールそのものが傍受・改ざんされるリスクをともなっている。このため、S/MIMEやPGPという仕組みを用いて、見られてもよいが、改ざんされてはいけない情報に対しては電子署名を、見られること自体を避けなければならない情報には暗号化を施し、安全性を担保する必要がある。どちらも公開鍵暗号の仕組みを用いて署名や暗号化を行う。

（1）S/MIME

Microsoft Outlookをはじめとして、多くの電子メールソフトウェアで標準対応している。デジタル証明書の取得や管理をともなうが、すでにS/MIMEを利用可能なシステム基盤を構築している組織も多い。

（2）PGP

標準ではこれに対応していない電子メールソフトウェアが多い。ただし、個々のユーザごとに鍵を作成すれば利用でき、S/MIMEのようなデジタル証明書の発行や管理を必要としない。手軽に利用を開始できるため、CSIRTコミュニティでは、他チームと機密情報をやりとりする際の標準的な手段の1つとなっている。

CSIRTコミュニティでは、電子メールに対する署名と暗号化は、PGPを使うことが多い。これは、利用者主導でPGPの導入および運用を行えることと、PGPによる署名や暗号化を施されたメールを送るために、特別の仕組みを必要としないことによる。PGPの仕様については、OpenPGPとしてRFC4880「OpenPGP Message Format」をはじめとする文書で仕様が公開されている。OpenPGPの実装の1つとしてGnuPG（GNU Privacy Guard）があり、メールソフトと連携して、メールの署名や暗号化に使われている。GnuPGに対応したメールソフトとしては、Thunderbirdがある。Thunderbirdでは、GnuPGと連携して動作するEnigmailというアドオン（拡張機能）の形で利用できる。

3.2.6　インシデントトラッキングシステム

インシデント対応の開始から完了までを追跡し、かつ対応したインシデントを適切に管理することは、インシデント対応の抜けや漏れを防止し、適切なインシデント対応を実現するために必要である。また、適切に対応したインシデントの履歴や経緯情報、インシデント対応の詳細は、そのインシデン

トに対応したチームの財産とも言えるものであり、適切に管理する必要がある。対応すべきインシデントが一度に1つしか発生しないのであればまだしも、複数のインシデントが同時発生したり、インシデント対応の最中に別のインシデント対応を行ったりすることは珍しいことではない。このため、インシデント対応を支援するためには、インシデントトラッキングを行うシステムを導入することが望ましい。

インシデントのトラッキングシステムとしては、たとえばOTRS (Open-source Ticket Request System)、RTIR (Request Tracker for Incident Response) など、無償で利用可能なチケット駆動 (ticket-driven) 型の対応支援システムがある。これからインシデント対応のトラッキングを考えるのであれば、このようなシステムの導入も検討するとよい。なお、日本で使うことを考えると、OTRSが比較的日本語での情報が多く、メンテナンスもされているので適している。

- 日本OTRSユーザ会
    http://otrs-japan.co/

RTIRは若干古いが、これも現時点でメンテナンスされているシステムである。

- RTIR
    https://github.com/bestpractical/rtir

3.2.7　インシデント解析ツールセット

発見や検知されたインシデントに対応するための一連のツール群である。「ツールセット」となってはいるが、フォレンジックツール以外は通常のソフトウェア開発や検証に用いるものも多い。

(1) フォレンジックツール（ソフトウェア）

　フォレンジックツールは、コンピュータ上に残された情報を取得する機能（保全）と、保全した情報をもとに攻撃などの痕跡を見つけ出す機能（解析）を持つ。フォレンジックツールには、たとえば次のものがある。

> - EnCase（Guidance Software）
> - X-ways（X-Ways Software Technology）
> - Forensic Toolkit（FTK）（ACCESSDATA）
> - Autopsy（オープンソース）
> - win32dd（オープンソース）

　このうち、EnCase、X-Ways、FTKの3つは、いずれも商用ソフトウェアである。いずれの製品も高価だが、解析効率がアップするため、自組織のCSIRTでフォレンジックまで行うことを想定している場合には、導入を検討することも考えたい。また、商用ソフトウェアの中には、法執行機関（例：警察組織など）以外には頒布されないエディションもあるので、導入にあたり留意したい。

(2) フォレンジックツール（ハードウェア）

　先に紹介した「(1) フォレンジックツール（ソフトウェア）」で解析対象とするのは、多くの場合は解析対象となるコンピュータに搭載された記憶装置（ハードディスクやメモリ）に記録された情報である。一方、「フォレンジックツール（ハードウェア）」は、その前段階として記憶装置を複製したり、記憶装置のイメージを取得したりする際に用いられる。

　通常、解析の際に解析対象となるコンピュータに直接アクセスすることはない。これは、解析対象の不用意な内容の更新や変更を避けるためである。そのため、解析対象となるコンピュータの記憶装置を複製するか、記憶装置のイメージを忠実に取得した上で、その取得した複製や記憶装置のイメージをさらに複製して解析を行う。最初に取得した複製を作業マスターとして、

その複製を解析することで、仮に作業上の誤りがあっても作業マスターから復旧できる。

- Demiシリーズ（YEC）
    http://www.kk-yec.co.jp/products/duplicator/copy_tool/
- TABLEAU HARDWARE
    https://www.guidancesoftware.com/products-services

3.2.8　通常の開発にも多く用いられるインシデント解析ツール類

3.2.7で紹介したツールは、インシデント解析のために特に必要となるツール類だが、本項で紹介するのは通常の開発や障害対応にも多く用いられるツール類である。

（1）ネットワーク解析ツール

Microsoft Message Analyzer（Windows主体のネットワーク解析に使う）
    https://www.microsoft.com/en-us/download/details.aspx?id＝44226

Wireshark（一般的なネットワーク解析に使う）
    http://www.wireshark.org/

（2）マルウェア解析ツール

Cuckoo Sandbox（オープンソースの動的解析ツール）
    https://www.cuckoosandbox.org/

ThreatAnalyzer（商用の動的解析ツール）
    https://www.threattracksecurity.com/enterprise-security/malware-analysis-sandbox-tools.aspx

IDA Pro（商用の逆アセンブラ）
　　https://www.hex-rays.com/products/ida/

（3）仮想マシンモニタ
　　VMware Workstation Pro
　　http://www.vmware.com/jp/products/workstation/

　　Oracle VM VirtualBox
　　https://www.virtualbox.org/

　上述以外にも、インシデントの種類によっては、擬似環境を構築した上で検証や解析を行う必要がある。「仮想マシンモニタ」を使うことで、仮想環境の構築は可能でも、WindowsなどのOSのライセンスもあわせて準備しなければ、環境の構築が難しいケースもある。検証用途のみで使用する場合にもあらかじめライセンスを購入しておくことで、いざというときにライセンスの数を気にすることなく、取得の時間をかけずに環境構築を行える。このような用途に供するライセンスとしては、たとえばMicrosoft Developer Networkなどが挙げられる。
　ライセンス以外に注意すべき点としては、可能であれば、仮想環境で利用を想定しているOSならびにアプリケーション環境を、あらかじめスナップショットとして作成しておくとよい。

■コラム　脅威情報を交換するための技術仕様

　サイバー攻撃に迅速に対応するために、企業や組織間で互いの持つ脅威情報を活用していくというアプローチがある。このアプローチの中で使われているのが、脅威情報を交換するための技術仕様であるTAXII、STIX、CybOX、OpenIOCである。これらの技術仕様は、いずれも脅威情報を記述したり交換したりするための規格で、そのデータ構造の定義はXMLで行

われている。

- **TAXII：Trusted Automated eXchange of Indicator Information**
TAXIIは、サイバー攻撃に関する情報交換を自動化するために開発された手順である。
　検知指標情報自動交換手順TAXII概説
　https://www.ipa.go.jp/security/vuln/TAXII.html

- **STIX：Structured Threat Information Expression**
脅威情報を構造化した形で記述するために開発されたのがSTIXである。STIXで定義された記述内容のうち、「観測事象」については、CybOXで定義された仕様に従った記述を行う。
　脅威情報構造化記述形式STIX概説
　http://www.ipa.go.jp/security/vuln/STIX.html

- **CybOX：Cyber Observable eXpression**
サイバー攻撃の観測事象を記述するための仕様である。
　サイバー攻撃観測記述形式CybOX概説
　https://www.ipa.go.jp/security/vuln/CybOX.html

- **OpenIOC：Open Indicator of Compromisation**
Mandiant社（現FireEye社）が策定した、Indicator of Compromisation（侵害の痕跡）を記述するための仕様であり、OpenIOC形式のデータを扱う。OpenIOC形式のデータを扱うプログラムとして、IOC FinderやIOC Editorがある。
　OpenIOC
　http://www.openioc.net/
　OpenIOCを使った脅威存在痕跡の定義と検出（IIJ-SECT）
　https://sect.iij.ad.jp/d/2012/02/278431.html

3.3　CSIRTのケーススタディ

　本節では、「2.2.4　役割を担う人材の定義と育成」で紹介した演習シナリオとして想定されるインシデントのうち、代表的なケースについて、CSIRTの役割間の伝達内容やアクションを具体的なケーススタディとして解説する。なお、このケーススタディは一例であり、実際には自組織内のセキュリティ機器の配置やビジネスインパクトによって優先順位が異なること、役割間の伝達の順番が異なることなどを理解した上で読み進めてほしい。役割の名称と定義については「2.2　人材の定義と育成」に則っている。

3.3.1　脆弱性情報入手後の対応例

　脆弱性情報をPoC (Point of Contact) から入手した際の対応例を示す (図3-12)。

　脆弱性情報に対しては無条件にすべてに対応するのではなく、自組織のセキュリティ機器の配備状況や、脆弱性そのものの発生確率や発生した場合の影響度、第三者からの攻撃の難易度、対応に必要なコストなどを総合的に判断し、実際に対応するかどうかを判断すべきである。ここで重要なのは、平常時にリスクアセスメントを行い、自組織の機器の型式やソフトウェアのバージョン状況などの資産管理を常に最新の状態に保つことである。これができていないと、適切な対応判断を素早く行うことができない。また、実施の判断とともに、すでにこの脆弱性を使用した攻撃が発生しているかどうかも同時に調査を行い、必要であればインシデント対応に切り替える。対象システムとのスケジュール調整を行った結果、脆弱性対応に時間を要する場合にはパラメータ変更や仮想パッチなどで暫定処置を行い、時間を稼ぐことも必要である。

図3-12 脆弱性情報入手後の対応例

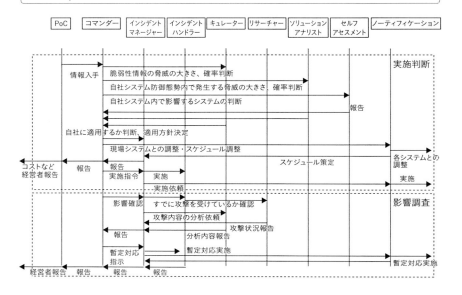

3.3.2 ランサムウェア被害報告を受けた後の対応例

　従業員からファイルが暗号化されて使用できないといった連絡がPoCに入った際の対応例を示す。（図3-13）

　このような案件ではランサムウェアで被害に遭っているケースが多い。まずやるべきことは、感染した端末が現時点でもファイルを暗号化しつつある状況を想定した安全の確保と、これ以上被害が広がらないための拡散防止である。特に該当端末がネットワークドライブなどで共有ファイルにアクセスできる状態にあるならば、その共有ファイルまで暗号化されることを想定して、一刻も早く該当端末をネットワークから分離する。その際の留意点は、ネットワークケーブルを抜いてしまうと、プロセスなどの状況が情報として失われる場合もあり、データフォレンジックが十分に行えなくなる可能性が生じる点である。何を優先するかは、感染端末や周辺システムの重要性をもとに判断する必要がある。

図3-13 ランサムウェア被害報告を受けた後の対応例

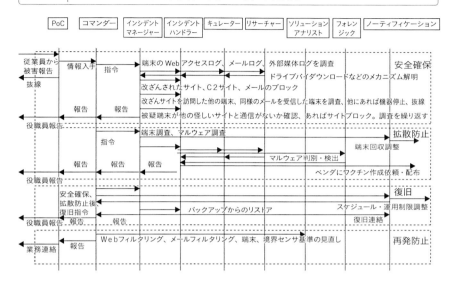

　安全確保の点では、このマルウェアがどこから来たのかを想定して、感染元を遮断する。感染経路として一般的なのは、改ざんされた正規Webサイトの閲覧を介した、いわゆる「水飲み場型攻撃」による感染、広告バナーからリンクされたサイトにマルウェアが混入していることによる感染、メールの添付ファイルからの感染、メールの添付ファイルからのドライブバイダウンロードによる感染、外部媒体からの感染、自組織内の他の感染PCからの感染などが考えられる。これらを考慮し、キュレーターと協力して怪しい流入先を遮断、フィルタリングする必要がある。

　拡散防止の点では、直接感染端末をネットワークから切り離すのは当然だが、まだ発症していない潜伏端末も存在することを想定しておく。感染端末に不審なファイルがある場合にはそれを抽出し、アンチウイルスベンダに検体を提出してワクチンを作ってもらい、全端末に配布する。これによって、同種のマルウェアであれば、発症時に押さえ込むことができる。

　これらの安全確保、拡散防止の対策が終了したあと、バックアップファイ

ルが存在しているのであればファイル復旧の作業を行う。安全確保が行われないまま復旧すると、再度発症したマルウェアで暗号化されてしまう場合がある。

インシデント収束後は、関係者と今回の事象を振り返り、不足している対策や改善すべき対策など、再発防止についてセキュリティ全体の戦略を見直すことが重要である。

3.3.3 不正な外部通信をリサーチャーが検知した後の対応例

リサーチャーより、自組織から外部に対して不正な通信がされているという報告がインシデントマネージャー、コマンダーに入った際の対応例を示す。(図3-14)

本事象で考慮しなければならないのは、C2サイト（C&Cサーバ、マルウェアに感染してボット化したコンピュータ群を制御するサーバ）と該当端末がどのような通信を行っているかを明らかにしていくことである。一般的に標的型攻撃による外部への不正通信は、外部から遠隔操作されている通信や情報を窃取するためにツールを送り込む通信、データそのものを窃取している通信が考えられる。

まずは不正通信を止めることが先決であるが、攻撃者の意図、目的や手法を明らかにするために、状況によっては、あえて通信を止めずに相手の出方を伺うケースもある。たとえば、C2サイトは単独で運用されていることはまれで、多くが複数のC2サイトを用意している。初期攻撃用、ツールダウンロード用、遠隔操作用と役割分担していたり、サイトが冗長化されていたりすることを踏まえ、C2サイトを洗い出した後、遮断などの対策を実施するというアプローチである。最初に検知したC2サイトのみを遮断しても冗長化されていた場合には、別のC2サイトを使って再び攻撃されてしまうためである。

次に考えるべきことは、外部との不正通信をしている端末が複数あるという想定で、マルウェアに感染している端末を探索することである。攻撃者は

図3-14 不正な外部通信をリサーチャーが検知した後の対応例

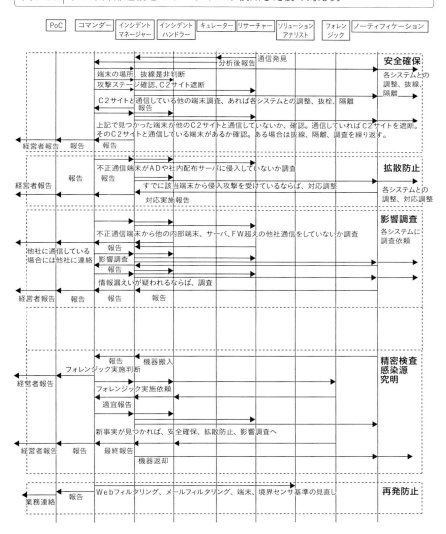

複数のPCを乗っ取ることにより、PCでの感染が検知されても攻撃活動を継続できるように代替えの端末を用意している。代替端末に潜ませたマルウェアは通常は発動させずに、眠らせておくことも多い。このような想定のもと、C2サイトと通信している端末を特定し、その端末が他のC2サイトと通信しているかを調査する。新たにC2サイトが見つかった場合には、そのC2サイトと不正通信している端末を探す。これを繰り返して、C2サイトを洗い出すことが重要である。この作業とともに、C2サイトと不正通信している端末からの接続やC2サイトへの接続を順次遮断して、安全を確保していく。

　安全確保と並行して行わなければならないのは、拡散防止である。攻撃者が複数のPCを乗っ取る場合、攻撃対象のシステムの全容を知るために、AD（Active Directory）サーバを攻撃し、侵入しようとすることが多い。また、遠隔操作を行えるマルウェアを配布するために、自組織内のプログラム配布サーバや、共有ファイルを使うことも多い。サーバの運用設計においては、このような不正侵入を検知するために、ログインの失敗や普段アクセスのないIPアドレスからのアクセスなどを検出する仕組みを作っておくとともに、不正通信した端末や不審な端末からアクセスがないかどうかを監視する。もし、ADサーバに侵入されていた場合には、影響範囲と調査範囲は甚大なものとなることを認識しておいてほしい。

　拡散防止と同様に、感染端末から他のサーバや外部のサーバへもアクセスがないかどうかを確認する必要がある。万が一、他組織へアクセスしている場合には、アクセスの状況によってPoCを通じて当該組織に通知することも検討しなければならない。また、これらの調査にあたっては外部へデータが流出したことを想定し、影響範囲を特定するための対応を早急に進める必要がある。最悪のケースでは持ち出されたと想定されるファイルのサイズとネットワークを流れたデータ量から、どのファイルが流出している可能性が高いかなどを推測していかなければならない。

　それと並行して、マルウェア感染端末のフォレンジックを必要とする場合がある。フォレンジックは、あくまでも、調査結果の裏付けや検証に用いるべきものである。調査にあたっては、フォレンジックが完了するまで状況が

何もわからないという、フォレンジック任せの調査は避けるべきである。その理由として、フォレンジックは、いくつかある調査方法の1つにすぎず、作業に時間がかかることが挙げられる。特に、経営者や各関係組織へ短期間で状況の報告が必要な場合も踏まえて調査作業を進めることが肝要である。

インシデントが収束に向かったら、ソリューションアナリストと今回の事象を振り返り、不足している対策や改善すべき対策など、再発防止についてセキュリティ全体の戦略を見直すことが重要である。

3.4　CSIRT評価モデル

本節では各CSIRTの現状の評価と改善に役立つCSIRT評価モデルの課題と目的を説明する。評価モデルとしては、SIM3（Security Incident Management Maturity Model）を具体例として紹介する。

3.4.1　CSIRT評価モデルの課題意識と目的

CSIRTの運用が軌道に乗り、インシデント対応依頼が増えてくると、日々の対応に追われて組織や各種プロセスの改善、メンバーのスキルアップなどが後手になる。また、新たな攻撃手法の出現により、今までのやり方だけでは対応できない場合もある。一方、CSIRTを立ち上げる際には、組織設計で重視する観点や対応するインシデント、関連する組織と連携する方法などを整理し、明確化しておくことが非常に重要である。これらの課題への対応に役立つのがCSIRT評価モデルである。

CSIRT評価モデルは様々な組織が策定を進めており、その多くは、CSIRTとその役務をもとに検討され、CSIRTの組織内での位置付けや他組織との連携、保有ツールや業務ルールなどの要件を列挙している。このCSIRT評価モデルを用いることで、自組織のCSIRTがどの程度の能力を有し、どの部分を強化すべきかの現状認識や、課題整理、改善を行うことが容易になる。CSIRT構築時に評価モデルを参照して設計することで、標準的なCSIRTを

もとに自組織のCSIRTにはどのような業務や役割が必要かを網羅的に把握、検討した上で構築することができる。また、CSIRT評価モデルを認識しておくことで、他のCSIRTと意見交換する際に共通の概念や言葉を用いることができ、意思疎通が行いやすくなる。

なお、CSIRTはその役務である業務内容や業務範囲に応じて活動体制や形態が異なるため、必ずしもCSIRT評価モデルに挙げられているすべての観点を取り入れる必要はない。自組織のCSIRTが果たすべき目的以外の業務や役割に関する観点を取り入れることは、稼働や費用の負担を増加させるだけであり避けるべきである。

3.4.2　一般的な評価モデル

CSIRT評価モデルとの対比のため、まず、一般的な評価モデルについて紹介する。評価モデルは、対象となる部門や実現方法について体制や組織内の権限、位置付け、文書類、手順などを測り、その結果を用いてレベル付けや認定を行うとともに、得られたレベル付けや認定結果をもとに改善を行うことに用いられる。

また普及しているいくつかの評価モデルでは、評価結果がある一定レベル以上となることが、契約を行う際の条件に指定されたり、団体の加盟組織の資格分けに使用したりすることがある。評価モデルでは、選定した評価項目において、その項目における検討状況や実施状況、文書化、経営層からの承認の有無、対象部門での認知や定着度、実施の効果や成果などを評価し、その結果を用いて個々の項目のレベル付けを行う。そして、項目ごとのレベルをもとに全体としてのレベル付けや認定を行う。

このような一般的な評価モデルとしては、米国カーネギーメロン大学（CMU）で作成された、ソフトウェア開発プロジェクトを中心とした様々なプロジェクトの能力を測定する成熟度モデル統合（Capability Maturity Model Integration：CMMI）や、ソフトウェア開発におけるセキュリティ対策の実施能力を測定するISO15408（Common Criteria）がある。また、2014年に米国NIST

が発表した「Cyber Security Framework」も重要インフラ事業者向けの評価モデルとして注目を集めている。

評価モデルは対象となる機能や能力を構成する評価項目と、各項目の機能や能力の到達度を示すレベルから構成される場合が多い。たとえば、NIST Cyber Security Frameworkは次の3つの要素からなる。

(1) フレームワークコア

フレームワークコアとは各組織で実施することが望まれるサイバーセキュリティの実施項目を「特定」「防御」「検知」「対応」「復旧」の5つの機能に分けて列挙したものである。各機能は表3-1に示すように、さらにカテゴリーとサブカテゴリーに細分化されている。サブカテゴリーは実施が望まれる項目で、各々に参考情報として様々な重要インフラで共有されている標準やガイドライン、ベストプラクティスを示している。サブカテゴリーを実施する際、参考情報に従って構築することにより、実施するサイバーセキュリティ対応がある程度以上の品質を確保する可能性が高くなる。表3-1はCyber Security Frameworkに記述されている機能およびカテゴリーである。すべてのサブカテゴリーについてはNISTや情報処理推進機構（IPA）が提供している文献を参照してほしい[2]。

(2) フレームワークインプレメンテーションティア

フレームワークインプレメンテーションティアはフレームワークコアの各サブカテゴリーがどのように実施されているかをレベル分けしたものである。フレームワークインプリメンテーションティアには次の4つのレベルがある。

- ティア1：不完全（Partial）：対応が場当たり的でサイバーセキュリ

---

2) NIST「Cyber Security Framework」、独立行政法人 情報処理推進機構訳「重要インフラのサイバーセキュリティを向上させるためのフレームワーク」https://www.ipa.go.jp/files/000038957.pdf

- ティリスクへの意識が不十分。
- ティア2：リスク情報共有（Risk Informed）：リスク管理対策は経営層から承認を受け、リスク情報も非形式的に共有されているが、リスク管理の対応の自組織全体への展開が不十分。
- ティア3：手順化対応（Repeatable）：リスク管理対策が自組織内全体に広がり、取り組みが確立されている。
- ティア4：変化への適応実施（Adaptive）：従来の対策から得た教訓などをもとに、対策を状況の変化にあわせて改善、適応させる。

(3) フレームワークプロファイル

　フレームワークプロファイルは自組織自体のビジネス要件やリソース状況などに応じて実施している、または実施されるべきフレームワークコアの各機能、カテゴリー、サブカテゴリーの状況をまとめたものである。フレームワークプロファイルとして、現状（As Is）と目標とする状況（To Be）をまとめ、そのギャップを埋めることで改善に取り組むことができる。また業界ごとにフレームワークプロファイルを用いて指針を作成することで、業界全体のセキュリティ規準の提示や、個々の組織に規準を満たすよう促し、業界全体のセキュリティ向上にも活用できる。

　Cyber Security Frameworkでは、「(1) フレームワークコア」が対象となる機能や能力であり、「(2) フレームワークインプレメンテーションティア」が到達度を示すレベルである。これらを用いて評価を行い、課題を整理し、改善していくことが組織のセキュリティ向上につながる。「(3) フレームワークプロファイル」は評価や改善検討を行う際に活用することで自組織の現在の状況と目標とのギャップを把握しやすくなり、対応実施体制の構築や改善作業を効率的に行うことが可能となる。
　評価モデルは、このように対象となる組織や機能について、評価項目ごとにどのようなレベルであるかを測り、全体としてのレベルを評価する。ま

表3-1 NIST Cyber Security Frameworkのフレームワークコアで定義されている機能・カテゴリー概要（一部抜粋）

機能（Functions）	カテゴリー（Categories）	サブカテゴリーの例（Ex. Of Subcategories）
特定（Identify）	資産管理	・企業内の物理デバイスとシステムの一覧を作成している。
	ビジネス環境	・重要インフラとその産業分野における企業の位置付けを特定し、伝達している。 ・重要サービスを提供する上での依存関係と重要な機能を把握している。
	ガバナンス	・自組織の情報セキュリティポリシーを定めている。
	リスクアセスメント	・資産の脆弱性を特定し、文書化している。 ・ビジネスに対する潜在的な影響と、その可能性を特定している。
	リスク管理戦略	・リスク管理プロセスが自組織の利害関係者によって確立、管理され、承認されている。 ・自組織のリスク許容度を決定し、明確にしている。
防御（Protect）	アクセス制御	・承認されたデバイスとユーザの識別情報と認証情報を管理している。
	意識向上およびトレーニング	・すべてのユーザに情報を周知し、トレーニングを実施している。 ・権限を持つユーザが役割と責任を理解している。
	データセキュリティ	・伝送中のデータを保護している。 ・データ漏えいに対する保護対策を実施している。
	情報を保護するためのプロセスおよび手順	・情報技術/産業用制御システムのベースラインとなる設定を定め、維持している。 ・情報のバックアップを定期的に実施、保持し、テストしている。 ・ポリシーに従ってデータを破壊している。
	保守	・自組織の資産の保守と修理は、承認・管理されたツールを用いて、タイムリーに実施し、ログを記録している。
	保護技術	・ポリシーに従って監査記録/ログ記録の対象を決定、文書化し、レビューしている。
検知（Detect）	異常とイベント	・攻撃の標的と手法を理解するために、検知したイベントを分析している。 ・インシデント警告の閾値を定めている。
	セキュリティの継続的なモニタリング	・発生する可能性のあるサイバーセキュリティイベントを検知できるよう、ネットワークをモニタリングしている。 ・悪質なコードを検出できる。
	検知プロセス	・イベント検知情報を適切な関係者に伝達している。
対応（Respond）	対応計画	・イベントの発生中または発生後に対応計画を実施している。
	伝達	・定められた基準に沿って、イベントを報告している。
	分析	・検知システムからの通知を調査している。
	低減	・インシデントを封じ込めている。
	改善	・学んだ教訓を対応計画に取り入れている。
復旧（Recover）	復旧計画	・イベントの発生中または発生後に復旧計画を実施している。
	改善	・復旧戦略を更新している。
	伝達	・復旧活動について内部利害関係者と役員、そして経営陣に伝達している。

た、その結果を用いて組織の改善点の明確化や改善に向けた計画を作成する際にも有効である。

3.4.3　代表的なCSIRT評価モデル

　ここでは、CSIRTを意識して開発された評価モデルであるSIM3（Security Incident Management Maturity Model）を紹介する。

　SIM3はヨーロッパで広く活用されているCSIRTのインシデント対応成熟度を評価するモデルである。CERT/CCの『CSIRTのためのハンドブック』執筆者の1人でもある、ドン・スティクヴォールト（Don Stikvoort）氏を中心に開発が進められている。SIM3はインシデント対応を行う組織の位置付け、行動指針や育成計画、活用するツール、インシデント対応手順について考慮すべき項目を列挙しているが、各々についてそのレベルを測定し、自組織のCSIRTの現状把握や改善につなげることを目的としている。また、ヨーロッパのCSIRTコミュニティであるTF–CSIRTでは、SIM3を加盟組織の資格分けの基準として採用している。さらに、希望する加盟組織に対してSIM3を用いて評価を行い、基準に達した組織を「certified team」として認定し、一覧として掲載している。なお、本書では2015年3月に公開されたSIM3 mkXVIIIに基づいて紹介する[3]。

　SIM3は、評価の分野である「成熟度象限（Maturity Quadrants）」、分野の中で個々の評価項目となる「成熟度パラメータ（Maturity Parameters）」と、項目の成熟度を示す「成熟度レベル（Maturity Levels）」の3つから構成されている。

　「成熟度象限」は組織（Organization）、要員（Human）、ツール（Tools）、プロセス（Processes）の4つの要素からなる。各象限では次のような視点で成熟度を評価する。

---

[3]　SIM3 mkXVIII Don Stikvoort：Security Incident Management Maturity Model
https://www.trusted-introducer.org/SIM3-Reference-Model.pdf

> - 組織象限：CSIRTの組織としての承認や目的、サービス範囲など
> - 要員象限：行動指針や要員配置、スキルマップ、トレーニングなど
> - ツール象限：インシデント対応時に使用するツールやデータ、情報の取り扱いなど
> - プロセス象限：各種エスカレーションやインシデント予防・検知・対応、フィードバック、報告、ミーティング開催など

　成熟度パラメータは具体的に検討すべき項目で、組織、要員、ツール、プロセスの4つの象限ごとに設定されている。次に、各象限とパラメータの内容や観点について、簡単に紹介していく。いくつかのパラメータには、最低限の条件が設定されている。これらは実際にCSIRTとして該当項目の活動を行うために必要な条件である。

(a) 組織象限
　マネジメント層による承認やCSIRTの守備範囲 (コンスティチュエンシー)、責任範囲、権限などの状況を確認するための10件 (番号は11まであるが、意図的な欠番がある) のパラメータからなる (表3-2)。CSIRTはインシデントが発生した際、インシデントの状況報告を求めたり、サーバやパソコンのネットワークからの切り離しの連絡や様々な組織と連携したりするなど、インシデントの発生状況の特定や被害極小化のために迅速に対応する。その際のCSIRTの方針や位置付け、連絡や指示の権限、他部門との連携法など、整理すべき点や注意点が示されている。

(b) 要員象限
　メンバーの行動指針や要員配置、スキルセット、トレーニング、外部連携などの7件の成熟度パラメータが規定されている (表3-3)。CSIRTメンバーは迅速かつ的確にインシデントの状況把握や関連部門との調整を行わなければならない。そのために必要となる、混乱なく対応するための指針や適切な稼

表3-2 組織象限の成熟度パラメータ

項番	項目	概要
O-1	信任	上位のマネジメント層からCSIRTに割り当てられた業務
O-2	コンスティチュエンシー	CSIRTの「クライアント」、CSIRTが守る対象とする人たち
O-3	権限	CSIRTの目的を達成する為に、コンスティチュエンシーに対して提供することが認められている行為
O-4	責任	CSIRTの目的を達成する為に、コンスティチュエンシーに対して行うことが期待されていること
O-5	役務	CSIRTとして行う業務とその提供方法を決めること 【最低限の要件】CSIRTの窓口情報、受付、CSIRTの提供する役務の簡単な説明、情報の取り扱いと公開のポリシーを含んでいること
O-6	【なし】	意図的に欠番とし、評価には含めないこととする
O-7	約款（SLA）	CSIRTが提供する役務の期待されるレベルを決めること 【最低限の要件】外部から受け取ったインシデントレポート、コンスティチュエンシーや親密な協力関係にあるCSIRTからのレポートに対する返答のスピードを指定する。後者については遅くとも2営業日での対応が期待される
O-8	インシデント分類体系	インシデントの記録時に利用可能な分類体系とその適用法 インシデントの分類には通常少なくともインシデントの「タイプ」またはインシデントのカテゴリが含まれること。また、インシデントの「深刻度」を含めることもある
O-9	CSIRT間連携	既存の他CSIRTと適切に構築された協力関係における位置付けや役割を決めること これらは顧客やクライアント組織にある"上位の"CSIRTとの関係だけでなく、国際的なCSIRT連携の枠組みへの参加や統合の際に必要となる
O-10	組織体系	CSIRTを統括する文書にO-1からO-9をすべて整合させること 【最低限の要件】上記文書にはCSIRTのミッションおよび成熟度パラメータのO-1からO-9までが記述されていること
O-11	セキュリティポリシー	CSIRTの運用に関わるセキュリティ体系を決めること 上位のセキュリティ体系の一部となることでも、CSIRT自身のセキュリティポリシーを持つことでもどちらでもよい

働の配備、インシデント対応に必要な技術者の確保、自組織内や自組織外の他組織とのコミュニケーションを円滑に行うための人材や手段の確保などを評価する。

表3-3 　要員象限の成熟度パラメータ

項番	項目	概要
H-1	行動指針・服務規程・倫理規定	仕事外を含め、専門家としてどのように行動するかに関するCSIRTメンバーの規則やガイドラインの文書類 たとえば、Trusted IntroducerのCSIRT Code of Practice など[4]
H-2	稼働の弾力性	CSIRTの職員数を決める際には、病気、休暇、離職などの可能性を考慮し要員を確保していること 【最低限の要件】3人の（兼務または常勤の）CSIRTメンバーがいること
H-3	スキルセット	CSIRTの仕事に必要なスキルセットを決めていること
H-4	内部トレーニング	新しいメンバーの訓練および既存メンバーのスキル向上のための（種類を問わない）内部トレーニング
H-5	外部の技術トレーニング	スタッフが外部の技術トレーニングを受けられる制度 たとえばTRANSITS、ENISA CSIRTトレーニング、もしくは有償のトレーニング（CERT/CC、SANSなど）
H-6	コミュニケーショントレーニング	スタッフが外部の（人的）コミュニケーションまたはプレゼンテーショントレーニングを受けられる制度
H-7	対外連携	他のCSIRTと交流を持ち、可能なときにはCSIRT間連携やCSIRTコミュニティに貢献すること

(c) ツール象限

　CSIRTの守備範囲（コンスティチュエンシー）である自組織内の従業員が使用しているシステムの構成情報や冗長化された電話回線、メールなどのコミュニケーション手段、インシデントの予防、検知、対応のためのツールなどの10件の成熟度パラメータからなる（表3-4）。インシデント発生時に活用するデータやツール群、電話やメールの予備回線、代替手段の確保など、インシデント対応を行うためのデータやツールについて準備しておくべき点から評価する。

(d) プロセス象限

　インシデント対応や防止、エスカレーションなどの17件の成熟度パラ

---

[4] Trusted Introducer：CCoP–CSIRT Code of Practice https://www.trusted-introducer.org/CCoPv21.pdf

表3-4 ツール象限の成熟度パラメータ

項番	項目	概要
T-1	IT資産リスト	CSIRTが最適なアドバイスを提供できるような、コンスティチュエンシーが通常利用するハードウェア、ソフトウェアなどからなるIT資産リスト
T-2	情報ソースリスト	脆弱性情報、脅威情報およびスキャン情報について入手するための情報ソースリスト
T-3	統合電子メールシステム	CSIRTのすべてのメールが(少なくとも)1つの格納場所に保管され、すべてのCSIRTメンバーが閲覧できるメールシステム
T-4	インシデント管理システム	インシデントを登録し、管理するためのチケット管理や状況管理などのインシデント管理システム
T-5	耐性のある電話環境	代替手段も含めて、稼働時間と故障からの復旧時間がCSIRTのサービス要求条件を満たす電話環境 たとえば、携帯電話は固定電話が不調をきたした場合に最も容易に使える代替手段である 【最低限の要件】通常利用の電話環境が停止した際の代替手段があること
T-6	耐性のある電子メール環境	代替手段も含めて、稼働時間と故障からの復旧時間がCSIRTのサービス要求条件を満たす電子メール環境
T-7	耐性のあるインターネットアクセス環境	代替手段も含めて、稼働時間と故障からの復旧時間がCSIRTのサービス要求条件を満たすインターネットアクセス環境
T-8	インシデント防止ツール群	コンスティチュエンシーにおけるインシデント発生防止を目的としたツール群 CSIRTメンバーはそれらのツール群を運用したり、ツールにより生成される結果にアクセスしたりする 純粋に調整を目的としたCSIRTで本項目が当てはまらない場合には、Levelに「-1」を選択し、「スコアリング」から除外する
T-9	インシデント検知ツール群	インシデントが発生したとき、あるいは発生しそうなときにインシデントを検知することを目的とするツール群
T-10	インシデント対応ツール群	インシデント発生後に、その解決を目的するツール群

メータが規定されている(表3-5)。インシデント対応について、インシデントが発生してから考え始めても、必要な作業が漏れていたり、法務部門や広報部門の連絡先を探すのに手間取ってしまったり、相手先がインシデントの対応に戸惑う危険性がある。このため、関連部門を含め、円滑かつ適切にインシデント対応を行うために、あらかじめ整備しておくべき対応手段や関連部門との調整などについて示されている。

表3-5　プロセス象限の成熟度パラメータ

項番	項目	概要
P-1	経営層へのエスカレーション	コンスティチュエンシーと同じ組織に所属するCSIRTの場合、上位マネジメントへのエスカレーションプロセス コンスティチュエンシーを外に持つCSIRTの場合、コンスティチュエンシーの経営層レベルへのエスカレーション
P-2	広報機能へのエスカレーション	CSIRTが所属する組織の広報機能へのエスカレーションプロセス
P-3	法務機能へのエスカレーション	CSIRTが所属する組織の法務機能へのエスカレーションプロセス
P-4	インシデント防止プロセス	CSIRTがどのようにインシデントを防止するか、関連するツールなどの利用法を含めて決めること このプロセスは脅威/脆弱性/パッチに関する注意喚起の発出のようなプロアクティブサービスを含む
P-5	インシデント検知プロセス	CSIRTがどのようにインシデントを検知するか、関連するツールなどの利用法を含めて決めること
P-6	インシデント対応プロセス	CSIRTがどのようにインシデントを解決するか、関連するツールなどの利用法を含めて決めること
P-7	特殊なインシデントプロセス	CSIRTがフィッシングや著作権侵害のような特定のインシデントの取り扱いを決めること
P-8	監査/フィードバックプロセス	CSIRTの体制や運用に対する自己評価や外部監査、内部監査の方法、およびそれらのフィードバック方法を決めること
P-9	緊急連絡プロセス	緊急時にどのようにCSIRTへ連絡するか決めること この内容はしばしばチーム内メンバーに限って開示される
P-10	E-mailやWebプレゼンスのベストプラクティス	次の2点を決めること (1) CSIRTまたはCSIRTに報告すべきタイミングと内容を知る関係者が、セキュリティに関係するメールボックスの包括的なエイリアスを取り扱う方法 (2) Webサイトの公開法 【最低限の要件】 (1) (RFC-2142およびベストプラクティスから) 次のメールボックスのエイリアスは、CSIRTのチームの一員、もしくは、そのCSIRTを知っており、その目的や必要時にどのように連絡するかを知っている担当者によって、確実に取り扱われること セキュリティ：security@ ; cert@ ; abuse@ E-mail：postmaster@ IPアドレスやドメイン名：hostmaster@ Web：webmaster@ ; www@ (2) 少なくとも内部にCSIRTに関するWebサイトか類似のものが存在し、CSIRTが何のため、誰のため、いつどのように連絡すればよいかを少なくとも説明していること。加えて、推奨するのは (a) サイトからrfc-2350にリンクすること、および (b) 単なるCSIRTよりも広いセキュリティの目的を果たすことができる、www.org.tld/securityのような/securityのページを用意すること

P-11	機密情報取り扱いプロセス	CSIRTが機密情報を含むインシデントレポートや報告をどのように取り扱うか決めること このプロセスは、明示的にISTLP (Information Sharing Traffic Light Protocol[5])の利用をサポートすることが推奨される
P-12	情報ソースプロセス	CSIRTが情報ソースをどのように取り扱うか決めること (関連するツールがあるのであれば、T-2を参照)
P-13	啓発活動プロセス	インシデント対応とは関連がないが、CSIRT組織の認知向上や意識向上のためにコンスティチュエンシーにどのような啓発活動を行うか決めること
P-14	報告プロセス	管理層やCISOなどへの報告をどのように行うか決めること
P-15	統計情報プロセス	インシデントの分類 (0-8参照) に基づき、どのようなインシデント統計情報をコンスティチュエンシーや外部に開示するか決めること レポートが明示的に内部のみを対象としており本項目が当てはまらない場合は、Levelに「-1」を選択し「スコアリング」から除外する
P-16	会議プロセス	CSIRT内部の会議を定義すること
P-17	CSIRT連携プロセス	CSIRTが同じような立場のCSIRTや"上位の"CSIRTとどうのように活動するかを決めること

　注意しなければならないのは、これらすべての成熟度パラメータを満たすことは必要ではないという点である。CSIRTの業務を検討、改善していくために強化する象限や必要となる成熟度パラメータを明らかにし、CSIRTの目的、業務内容、業務範囲に合わせた構築と改善を図るのがよい。不要なパラメータを実施すると、多くの稼働や費用が発生し、本来注力すべき業務がおろそかになる危険がある。

　成熟度レベルは、次の5つのレベルに分かれている。

---

0. 未定義・不明
1. 認識しているが文書化していない
2. 文書化しているがCSIRT責任者から承認を得ていない
3. 文書化しておりCSIRT責任者が承認している
4. 3に加え実施の評価、改善を行っている

---

5) ISTLP - Information Sharing Traffic Light Protocol https://www.trusted-introducer.org/ISTLPv11.pdf

成熟度レベルは上述のように、対応すべき課題を認識しているか、認識している場合、それをどの範囲まで共通化しているか（個人、チーム、幹部）、そして対応すべき課題や対応方法の評価と改善を実施しているか、という点で成熟度をレベル分けしている。また、レベルアップするために実施すべきことは次の通りである。

```
成熟度レベル0  →  1：検討の追加。項目を認識しているか
成熟度レベル1  →  2：明文化。項目の対応を記述しているか
成熟度レベル2  →  3：責任者の明確化：文書承認者・機関の明確化
成熟度レベル3  →  4：評価法の明確化：項目の監査と改善法の明確化
```

　SIM3のこれら成熟度レベルはシンプルで判断しやすいものである。自己評価も容易であり、自組織のCSIRTの改善に向けた評価や補強ポイントの洗い出しなどにも使用しやすい。

　SIM3には、成熟度象限ごとにレベルを表示したレーダーチャート（図3-15）と成熟度パラメータごとにレベルを表示したレーダーチャート（図3-16）がある。これらのレーダーチャートを用いることで評価結果を理解しやすい形式で提示できる。成熟度象限ごとにレベルを表示したレーダーチャートは、シンプルなチャートとして評価結果を一目で把握しやすいため、経営層や自組織内の一般ユーザへの説明に直している。その一方で、すべての象限でパラメータを1つの数字に統合して提示することは、評価結果をあまりにも丸めすぎてしまうため、CSIRTの成熟度を示す数字としてはふさわしくないとも言える。

| 図3-15 | SIM3における象限評価例 |

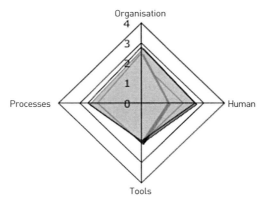

出典：SIM3「Overview Chart (xxx CERT)」

| 図3-16 | SIM3におけるパラメータ評価例 |

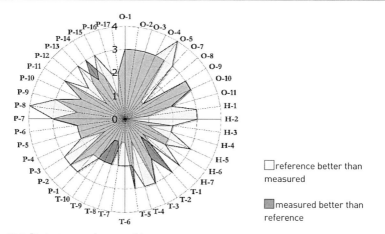

出典：SIM3「Radar Diagram (xxx CERT)」

　SIM3はCSIRTに関する検討すべき項目を組織、要員、ツール、プロセスの各象限ごとに成熟度パラメータとして列挙し、それらを、認識の有無（レベル0か1か）、明文化によるチーム内や関連部門との項目内容の統一（レベル1

か2か）、承認による幹部層との項目内容の統一（レベル2か3）、方法の明確化による状況確認・改善の項目内容の統一（レベル3か4か）の4段階で評価する。このように、確認する項目が具体的であり、評価のレベル間の違いも明確化されているため、使いやすい評価モデルとなっている。SIM3は前述したようにヨーロッパのCSIRTコミュニティであるTF-CSIRTのメンバーチームの成熟度評価に用いられるなど、ヨーロッパを中心に普及している。評価項目やレベルは普遍的なものであり、ヨーロッパのみならず、グローバルに活用できるCSIRT評価モデルである。

　補足になるが、2015年4月にGCCS（Global Conference on Cyber Space 2015）からCSIRT Maturity Kitが公開された[6]。このCSIRT Maturity Kitは世界の様々なCSIRTが取り組んでいる活動や手法に関するベストプラクティス集である。SIM3をベースに、構築、組織、要員、ツール、プロセスの5章で構成されており、各章ではそれぞれの留意点について、参照先とともに具体的事例を紹介している。これらの事例を参考にしながら自組織のCSIRTの改善を行うことで、各CSIRTの成熟度を高めていくことができる。SIM3で成熟度レベルを評価し、CSIRT Maturity Kitでレベルアップのための具体的な改善を図るという使い方もできるだろう。

　日本国内でもCSIRTの認知度が上がり、多くの企業や中央省庁、地方自治体においてCSIRTが設置されつつあるが、実際にはインシデント発生時や深刻な脆弱性の公開時に十分な対応ができていないケースも少なくない。この状況を踏まえ、日本シーサート協議会（NCA）では、既存のCSIRTが現状の弱みや強みを把握し、より良いCSIRTとなる方法を検討するためにSIM3の調査を行っている。

　具体的には、SIM3の翻訳や他評価モデルとの比較や評価、Don Stikvoort氏を招いての意見交換会などを実施している。そしてSIM3をもとにいくつかの変更を加えた試行版チェックシートを作成し、NCA加盟CSIRTに試用

---

[6] National Cyber Security Centre, The Netherlands,「CSIRT Maturity Kit：A step-by-step Guide towards enhancing CSIRT Maturity」https://check.ncsc.nl/static/CSIRT_MK_guide.pdf

してもらい、フィードバックを収集して改善を行っている。同時に、試行版チェックシートによるNCA加盟CSIRTの統計的状況を把握する予定である。この活動は今後、以下の2つの活動につなげていく。

① 日本国内のCSIRTの評価と改善

　日本シーサート協議会は日本のCSIRTの現状がどのような状況にあるかを調査・公表する活動を行い、これらの情報は国内のセキュリティ状況の把握や対応に役立てられている。国内のCSIRTの状況を計測するためにSIM3を用いることは、世界の優れた知見を用いて測定し、日本の状況を世界と比較できる点で他の方法より優れている。試行版チェックシートにはSIM3と異なる点があるが、今後は次の活動を通じ、SIM3に統一する方針である。

② 日本の知見をSIM3、CSIRT Maturity Kitに反映する活動

　日本のCSIRTコミュニティで重要と考えられているにもかかわらず、SIM3には含まれていない観点を追加し、日本のCSIRTコミュニティにとって、より使いやすいものとすることを計画している。具体的には、試行版チェックシートの独自項目や評価観点などに基づき、提案項目を整理することを検討している。NCAが提案する事項は、日本のみならずアジアや世界のCSIRTにとっても有用な観点であるため、それらを議論し、SIM3を改善していくことは、世界のCSIRTの向上にも役立つだろう。またこれらの活動においては、日本の観点を提案することだけを目的とするのではなく、世界の様々なエキスパートとの意見交換を通じ、海外ではどのような問題意識や課題があるのか、それをどのように解決していこうとしているのかなど、CSIRTを取り巻く世界的な動向や課題を把握し、それをコミュニティの仲間と共有することで、各CSIRTの活動に役立ててもらうことを目指したい。

　今後のサイバーセキュリティの活動において、CSIRTはこれまで以上に重要な役割を担うとともに、CSIRTを設置する組織はさらに増加するだろう。そのような状況に対応するために、NCAやFIRSTのメンバーが、SIM3をは

じめとする各種モデルやドキュメント、情報共有の仕組みなどを改善・整備していくことで、CSIRTは進化し続けていく。今後のCSIRTの活躍により、各組織のインシデント対応がより効果的に行われるようになることを願ってやまない。

おわりに

　サイバー攻撃に対処するためのこの20年間の日本国内のCSIRT（Computer Security Incident Response Team、シーサート）活動は、3つの時期に分けられる。

　第1期（1996年〜2003年）は認知期であり、米国で始まったCSIRT活動を参考にして、あらかじめ決めておいた計画に沿って事後対処する「インシデントレスポンス」という考え方を導入した時期である。

　第2期（2004年〜2011年）は黎明期であり、2001年から2003年にかけて広まったネットワークワーム対処の経験値をフィードバックして、日本流のCSIRT活動が立ち上がり始めた時期である。この黎明期には、2004年の情報セキュリティ早期警戒パートナーシップの始動、脆弱性対策情報データベースJVN（Japan Vulnerability Notes）の開設、2007年日本シーサート協議会の設立など、日本という地域性を考慮したCSIRTの活動基盤が整備され始めた。一方、この間もサイバー攻撃は形を変えて続き、攻撃対象となる脆弱性は、オペレーティングシステムからアプリケーション、利用者へと広がっていった。悪質なプログラムも、ウイルス添付型メール、ネットワーク型ワーム、ボットなど、様々なかたちで進化し続けている。

　CSIRT活動の第3期（2012年〜）は、日本という地域性を踏まえ、CSIRT活動を展開する定着期として大きな一歩を踏み出した時期であった。この背景には、2011年に多様なセキュリティインシデントが続き、そのサイバー攻撃対策において、インシデントに対応する専門的機能としてCSIRTを活用しようという流れが生じたことにある。標的型攻撃は、その名称が呼び起こすイメージから、特定組織のみを対象に侵害活動が行われると思われがちである。しかし、2010年以降注目を集めているAPT（Advanced Persistent Threat、攻撃対象を狙い撃ちした高度な潜伏型攻撃）に代表される標的型攻撃は、侵害活動の成果が次の標的型攻撃に利用される踏み台型であり、攻撃者の最終目標は他

の特定組織への侵害活動なのである。すなわち、セキュリティ対策やインシデント対応が、少なからず他組織に影響を与え、また他組織の影響を受ける構図となっているのだ。この構図は従来の「組織内システムの多層防御」の考え方では考慮されていないものであり、ここにCSIRT主導の組織間での専門的、実務的な連携の意味がある。

　2015年以降、関連情報誌や官公庁におけるセキュリティ対策関連文書だけではなく、CSIRTに関する講演やサイバー演習なども増え、多くの人にCSIRTという名称が知られるようになった。本書は、「CSIRTをどのように構築・運用すべきか」という疑問の声に応えるべく作られた、実務者のための実践ガイドである。ここには日本シーサート協議会の活動において、様々な業種の実務経験者がその経験を持ち寄って意見交換を重ねて得た成果がまとめられている。

　インシデントは起こりうるものという前提に立ち、CSIRTがインシデントからの迅速な回復を図るためのサイバーセキュリティ対策として機能するには、さらに多くのCSIRTの連携が必要である。また、進化し続けるサイバー攻撃に対処していくには、個々の知識や経験を、相互統一や相互理解へと変えていかなければならない。本書が、次世代のCSIRT活動にとって何らかの参考になれば幸いである。

出 典

＊記載のURLは2016年10月現在のものである。

2.1

CSIRTマテリアル 構築フェーズ
CSIRT 記述書
https://www.jpcert.or.jp/csirt_material/files/16_csirt_description_form_20151126.docx

CSIRT 記述書 作成例
https://www.jpcert.or.jp/csirt_material/files/17_csirt_description_sample_20151126.pdf

CSIRTガイド
https://www.jpcert.or.jp/csirt_material/files/guide_ver1.0_20151126.pdf

FIRST.org / FIRST Members / Alphabetical list
https://www.first.org/members/teams

コンピュータセキュリティインシデント対応チーム（CSIRT）のためのハンドブック
https://www.jpcert.or.jp/research/2007/CSIRT_Handbook.pdf

CSIRT スタータキット
http://www.nca.gr.jp/imgs/CSIRTstarterkit.pdf

JPCERT コーディネーションセンター　インシデント報告対応四半期レポート
https://www.jpcert.or.jp/ir/report.html

JPCERT/CC インシデント報告対応レポート
［2015年10月1日 〜 2015年12月31日］
https://www.jpcert.or.jp/pr/2016/IR_Report20160114.pdf

JPCERT コーディネーションセンター　インシデント対応状況
https://www.jpcert.or.jp/ir/status.html

2.3

JPCERT コーディネーションセンター　インシデントの報告
https://www.jpcert.or.jp/form/

JPCERT コーディネーションセンター　コンピュータセキュリティインシデント報告様式［Ver 3.02］（form.txt）
https://www.jpcert.or.jp/form/form.txt

インシデントハンドリングマニュアル
https://www.jpcert.or.jp/csirt_material/files/manual_ver1.0_20151126.pdf

共通脆弱性評価システムCVSS v3概説
https://www.ipa.go.jp/security/vuln/CVSSv3.html

共通脆弱性識別子CVE概説
https://www.ipa.go.jp/security/vuln/CVE.html

2.4

FireEye, Inc「M-Trends 2016」
https://www2.fireeye.com/rs/848-DID-242/images/Mtrends2016.pdf

2.5

IPA「情報セキュリティ早期警戒パートナーシップ」（16p）
https://www.ipa.go.jp/security/ciadr/safewebmanage.pdf

IPA　「サイバー情報共有イニシアティブ（J-CSIP（ジェイシップ））」
https://www.ipa.go.jp/security/J-CSIP/

JPCERT/CC「早期警戒情報の提供について」
https://www.jpcert.or.jp/wwinfo/

フィッシング対策協議会
https://www.antiphishing.jp/

NCA 「日本シーサート協議会とは」
http://www.nca.gr.jp/outline/index.html

JPNIC 「APCERT年次総会および関連会合開催報告」
https://www.nic.ad.jp/ja/newsletter/No48/0650.html

JPCERT/CC 「FIRST（Forum of Incident Response and Security Teams）とは」
https://www.jpcert.or.jp/tips/2008/wr081001.html

_____
3.1

JPCERT/CC「CSIRTマテリアル 運用フェーズ CSIRTガイド」
https://www.jpcert.or.jp/csirt_material/operation_phase.html

JPCERT/CC「CSIRTの種類について」
https://www.jpcert.or.jp/tips/2006/wr063901.html

The CERT Division「CSIRT Frequently Asked Questions (FAQ)」
https://www.cert.org/incident-management/csirt-development/csirt-faq.cfm

JPCERT/CC「CSIRTマテリアル 構築フェーズ 組織内CSIRTの形態」
https://www.jpcert.or.jp/csirt_material/build_phase.html

_____
3.2

SARMS（OSSのアセット管理ツール）
http://www.sarms.jp/summary/

GLPI（OSSのアセット管理ツール）
http://www.glpi-project.org/

HP OpenView Network Node Manager
http://h50146.www5.hpe.com/products/software/oe/linux/mainstream/product/software/openvew/nnm/

nmap
https://nmap.org/

早期警戒情報の提供について
https://www.jpcert.or.jp/wwinfo/

早期警戒情報とは（JPCERT/CC）
https://www.jpcert.or.jp/wwinfo/wwdata.html

一般社団法人 ICT-ISAC
https://www.ict-isac.jp/

一般社団法人 金融ISAC
http://www.f-isac.jp/

FIRST
https://www.first.org/

SIDfm（Softek）
https://sid.softek.jp/

Traffic Light Protocolの概要
http://www.nisc.go.jp/conference/seisaku/kihon/dai9/pdf/9siryou_ref04.pdf

RFC4880 OpenPGP Message Format
https://tools.ietf.org/html/rfc4880

GnuPG
https://www.gnupg.org/

GPG4WIN
https://www.gpg4win.org/download.html

JPNIC PGP Keyserver
http://pgp.nic.ad.jp/

日本OTRSユーザ会
http://otrs-japan.co/

RTIR
https://github.com/bestpractical/rtir

Demiシリーズ（YEC）
http://www.kk-yec.co.jp/products/duplicator/copy_tool/

TABLEAU HARDWARE
https://www.guidancesoftware.com/products-services

Microsoft Message Analyzer（Windows主体のネットワーク解析に使う）
https://www.microsoft.com/en-us/download/details.aspx?id = 44226

Wireshark（一般的なネットワーク解析に使用するツール）
http://www.wireshark.org/

Cuckoo Sandbox（オープンソースの動的解析ツール）
https://www.cuckoosandbox.org/

ThreatAnalyzer（商用の動的解析ツール）
https://www.threattracksecurity.com/enterprise-security/malware-analysis-sandbox-tools.aspx

IDA Pro（商用の逆アセンブラ）
https://www.hex-rays.com/products/ida/

VMware Workstation Pro
http://www.vmware.com/

Oracle VM VirtualBox
http://www.virtualbox.org

IPA 検知指標情報自動交換手順TAXII 概説
https://www.ipa.go.jp/security/vuln/TAXII.html

IPA 脅威情報構造化記述形式STIX 概説
https://www.ipa.go.jp/security/vuln/STIX.html

サイバー攻撃観測記述形式CybOX概説
https://www.ipa.go.jp/security/vuln/CybOX.html

OpenIOC - Open Indicator of Compromisation
http://www.openioc.net/

OpenIOCを使った脅威存在痕跡の定義と検出（IIJ-SECT）
https://sect.iij.ad.jp/d/2012/02/278431.html

Generate CybOX XML from OpenIOC XML
https://github.com/CybOXProject/openioc-to-cybox

3.4

NIST「Cyber Security Framework」情報処理推進機構（IPA）訳「重要インフラのサイバーセキュリティを向上させるためのフレームワーク」
https://www.ipa.go.jp/files/000038957.pdf

Don Stikvoort「SIM3：Security Incident　Management Maturity Model」
https://www.trusted-introducer.org/SIM3-Reference-Model.pdf

IPA訳「コンピュータセキュリティインシデント対応ガイド」
https://www.ipa.go.jp/files/000025341.pdf

別添資料

2015年12月に実施した日本シーサート協議会(NCA)加盟チームに対するアンケート調査の結果(回答組織数66)からいくつかを抜粋して掲載する。詳細はJPCERT／CC「2015年度CSIRT構築および運用における実態調査」(https://www.jpcert.or.jp/research/2015_CSIRT-survey.html)を参照されたい。

1. 構築を主導した部門

情報システム管理部門やセキュリティ対策部門主導で構築されたCSIRTが多い。

構築を主導した部門

	部門名	回答数
1	情報システム管理部門系	23
2	経営企画部門系	3
3	法務部門系	0
4	監査部門系	0
5	開発部門系	5
6	総務部門系	0
7	リスク対策部門系	6
8	セキュリティ対策部門系	26
9	品質保証部門系	2
10	その他自由記述	8

(複数回答ありN=66)

2. 組織内のどの部門に配置されているか

CSIRT構築を主導した、情報システム管理部門やセキュリティ対策部門にCSIRTを設置している組織が多い。「その他」の回答の中には「調査研究部門系」を挙げた回答が3件あった。

組織内のどの部門に配置されているか

	部門名	回答数
1	情報システム管理部門系	32
2	経営企画部門系	1
3	法務部門系	1
4	監査部門系	1
5	開発部門系	1
6	総務部門系	0
7	リスク対策部門系	6
8	セキュリティ対策部門系	26
9	品質保証部門系	4
10	その他自由記述	12

(複数回答ありN=66)

3. インシデント発生時のCSIRTの位置付け

インシデント発生時には、現場での対応から支援、調整役まで幅広い役割がCSIRTに求められる。

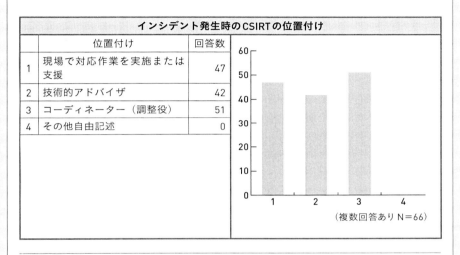

インシデント発生時のCSIRTの位置付け

	位置付け	回答数
1	現場で対応作業を実施または支援	47
2	技術的アドバイザ	42
3	コーディネーター（調整役）	51
4	その他自由記述	0

（複数回答あり N=66）

4. CSIRTのサービス対象者

多くのCSIRTが、自組織内または自組織内グループ会社をCSIRTのサービス対象としている。また、自組織がサービスを提供している顧客を対象にしている組織も3割程度存在する。

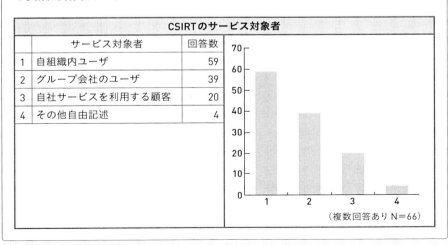

CSIRTのサービス対象者

	サービス対象者	回答数
1	自組織内ユーザ	59
2	グループ会社のユーザ	39
3	自社サービスを利用する顧客	20
4	その他自由記述	4

（複数回答あり N=66）

5. 過去に外部からCSIRTに対して連絡、問い合わせはあったか

多くのCSIRTが、外部からの連絡や問い合わせを経験している。

	過去に外部からCSIRTに対して連絡、問い合わせはあったか	
	連絡、問い合わせ内容	回答数
1	Webサービスの脆弱性に関するもの	28
2	製品の脆弱性に関するもの	18
3	インシデントに関するもの	33
4	その他自由記述	8
5	問い合わせはなかった	18

(複数回答ありN=66)

6. サイバー攻撃に関する情報共有の枠組みに参加しているか

サイバー攻撃に関連する情報共有の枠組みとしてJPCERT／CCが活用されている。「その他」の回答の中には「他のCSIRT」を挙げた回答が5件あった。

	サイバー攻撃に関する情報共有の枠組みに参加しているか	
	情報共有の枠組み	回答数
1	IPA（J-CSIP）	8
2	金融ISAC（各種ワーキンググループ）	11
3	警察庁（CCI）	13
4	JPCERT／CC（WAISE）	32
5	その他自由記述	9

(複数回答ありN=44)

7. インシデント発生時のCSIRTの権限

緊急度の高いインシデントが発生した場合に、9割程度のCSIRTは、関連するシステムを停止する必要について助言できる立場にある。システムの停止を命ずる権限を持っているCSIRTも1割程度ある。

インシデント発生時のCSIRTの権限

	権限	回答数
1	緊急度の高いインシデント発生時にシステムを停止する権限がある	8
2	緊急度の高いインシデント発生時にシステムを停止する必要性について助言ができる	56
3	緊急度の高いインシデント発生時にシステムを停止する権限はない	2

1: 3%
2: 85%
3: 12%

(複数回答なし N=66)

8. 具体的な提供サービス

【事後対応型サービス】【事前対応型サービス】および【セキュリティ品質管理サービス】のそれぞれについてCSIRTが提供するサービスの内容をたずねた。【事後対応型サービス】として最も多くのCSIRTが提供しているのは、「インシデントハンドリング」である。【事前対応型サービス】では、「注意喚起・アナウンス」を提供しているCSIRTが多く、インシデントを未然に防止するため、広く情報提供をする役割が重視されている。【セキュリティ品質管理サービス】では、「啓発・意識向上活動」「教育／トレーニング」などのサービスを提供しているCSIRTが多く、自組織内に対するセキュリティ意識向上に注力していることがわかる。

具体的な提供サービス【事後対応型サービス】		
	提供サービス	回答数
1	アラートと警告	57
2	インデントハンドリング（オンサイトorアドバイス）	58
3	脆弱性ハンドリング（自社製品or利用製品・サービス）	55
4	マルウェア解析	43
5	フォレンジック	40
6	ログ分析	56

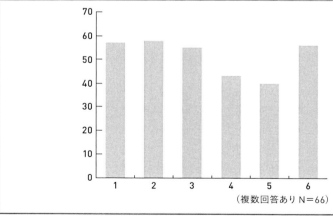

（複数回答ありN＝66）

具体的な提供サービス 【事前対応型サービス】		
	提供サービス	回答数
1	パブリックモニタリング	27
2	セキュリティ動向分析	42
3	侵入検知	46
4	技術動向監視	37
5	注意喚起・アナウンス	54
6	セキュリティ関連情報の提供	49
7	セキュリティ監査または審査	25
8	セキュリティツール、アプリケーション、インフラ、およびサービスの運用	37
9	セキュリティツールの開発（CSIRTが利用するものを含む）	15

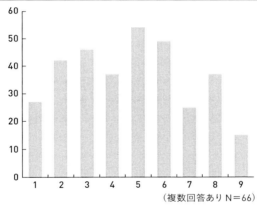

（複数回答ありN＝66）

	具体的な提供サービス 【セキュリティ品質管理サービス】	
	提供サービス	回答数
1	新サービスまたはシステムなどのリスク評価への関与	31
2	事業継続と障害復旧計画への関与	24
3	各種セキュリティに関わる相談対応	47
4	啓発・意識向上活動	51
5	教育/トレーニング	49
6	製品の評価または認定	18
7	セキュリティポリシー策定への関与	37

（複数回答ありN=66）

編著者紹介

▶ 日本シーサート協議会
各CSIRT間での情報共有、緊密な情報連携、ワーキンググループ活動などを行う場の提供を目的として、日本国内企業の有志CSIRTが運営。

執筆者紹介

▶ 大河内 智秀（おおこうち・ともひで）
CISSP。東京電機大学客員准教授。日本シーサート協議会運営委員。三井物産セキュアディレクション株式会社経営企画部シニアプロデューサー。NTTコミュニケーションズ株式会社を経て2009年同社に入社。CSIRTやSOC構築支援などサイバーセキュリティに関するサービス開発に向けた調査・研究・コンサルティングに携わる。共編著書に『CISSP認定試験公式ガイドブック』『サイバー攻撃からビジネスを守る』『訴訟・コンプライアンスのためのサイバーセキュリティ戦略』（以上NTT出版）など。

▶ 林 郁也（はやし・いくや）
CISSP。NTT Com-SIRT（NTTコミュニケーションズ株式会社）メンバー。東京電機大学CySec講師。2009年よりNTT-CERT（日本電信電話株式会社）のメンバーとして、セキュリティインシデント対応およびCSIRT研究に従事。2011年より明治大学客員研究員としてCSIRTおよび高信頼性組織研究に取り組む。2014年、NTTコミュニケーションズ株式会社に入社、日本シーサート協議会専門委員に就任し、CSIRTの普及啓発活動を行う。2015年10月より現職。

▶ 杉浦 芳樹（すぎうら・よしき）
NTT-CERT（日本電信電話株式会社）メンバー。日本シーサート協議会運営委員。IL-CSIRT（NTTデータ先端技術株式会社）メンバー。1998年よりJPCERT/CCのメンバーとしてCSIRTの活動に関わる。CSIRT構築/運用のプロとして活動。2004年より、NTT-CERTの構築・運用に関わる。2007年に日本シーサート協議会の設立を実施。現在もNTT-CERTのメンバー、日本シーサート協議会運営委員として活動。専門はCSIRTの構築・運用、チームビルディング。

▶満永 拓邦（みつなが・たくほう）
東京大学情報学環セキュア情報化社会研究寄付講座特任准教授、JPCERTコーディネーションセンター早期警戒グループ技術アドバイザー、一般社団法人CySec Pro理事（CSIRTトレーニングセンター担当）。京都大学情報学研究科修了後、ベンチャー企業にてセキュリティ事故対応や研究開発に携わる。その後、JPCERT/CC早期警戒グループに着任し、標的型攻撃などのサイバー攻撃に関する分析業務に従事。2015年から現職。共編著書に『サイバー攻撃からビジネスを守る』（NTT出版）、『情報セキュリティ白書2013』（IPA編）など。

▶佐久間 邦彦（さくま・くにひこ）
NTTデータ先端技術セキュリティ事業部インシデントレスポンス担当課長。2004年からCSIRT構築支援コンサルティングに携わり、現在までに複数社のCSIRT構築支援案件に関わる。2008年から2014年1月まで日本シーサート協議会ワーキンググループの専門委員として活動。2014年2月より現職。CSIRT構築支援に加え、CSIRT運用やログ分析など、サイバーセキュリティに関するコンサルティングサービスに従事。

▶宮本 久仁男（みやもと・くにお）
博士（情報学）、技術士（情報工学部門）、NTT Group Certified Security Master。（株）NTTデータ 情報セキュリティ推進室 NTTDATA-CERT、情報セキュリティ大学院大学 客員研究員。（株）NTTデータ入社後、システム基盤技術の研究開発や技術支援、部門セキュリティ推進などを経て現職。システム基盤技術と人材発掘、CSIRT運用が専門。『実践Metasploit』（オライリージャパン）、『欠陥ソフトウエアの経済学』（オーム社）などの監訳を手がける。

▶松田 亘（まつだ・わたる）
JPCERT/CC早期警戒グループ情報セキュリティアナリスト。2006年にNTT西日本に入社し、サーバ構築やセキュリティインシデント対応を経験後、SOCの立ち上げに従事。2015年4月より、JPCERT/CC早期警戒グループに着任。主に国内を標的としたサイバー攻撃に関する情報収集や分析、早期警戒情報、注意喚起情報の提供などに従事。国内のCSIRTの構築や運用状況についての調査・分析にも取り組んでいる。

▶小村 誠一（こむら・せいいち）
CISSP。NTTアドバンステクノロジ株式会社担当部長。情報セキュリティ大学院大学特任研究員。東京電機大学CySec講師。形式的仕様記述・分散協調作業などの研究開発や情報セキュリティ統括業務を経て、インシデント対応・脆弱性診断・CSIRT強化計画策定や訓練の支援業務に従事。2016年より現職となり、CSIRT成熟度モデルの改善や活用の検討、インシデント対応のための教材作成や講演、CSIRTの構築や活動の支援を行っている。

▶阿部 恭一（あべ・きょういち）
ANAシステムズ株式会社品質・セキュリティ監理室エグゼクティブマネージャー。AIを利用したスケジュール作成やオブジェクトデータベースを活用した顧客管理など、最先端の技術を駆使した開発を行う。その後、セキュリティ分野に進出し、組織内の各種ガイドライン系の整備に携わる。現在はCSIRTメンバーを育成しながらANAグループ情報セキュリティセンターおよび、ASY-CSIRTとしてANAグループ全体のセキュリティ向上に取り組んでいる。Gartner、ITMedia、Interop、Akamai、FireEyeなどでCSIRT人材に関わる講演多数。

▶戸崎 辰雄（とざき・たつお）
日本シーサート協議会シーサート構築推奨SWG事務局長。三井物産セキュアディレクション株式会社IoTビッグデータ事業部セキュリティアナリスト。NTTグループにて国内最大規模の個人情報取り扱い事業に12年間従事し、同事業のセキュリティ基盤を構築。2015年から現職。セキュリティ専業会社のセキュリティ基盤構築に携わる。侵入検知、解析、診断などの技術的アプローチ、各種フレームワーク、マネジメントなどの組織的アプローチの調査、分析、研究を行う。

▶寺田 真敏（てらだ・まさと）
日本シーサート協議会運営委員長。（独）情報処理推進機構研究員。JPCERT/CC専門委員。中央大学客員教授。株式会社日立製作所HIRTチーフコーディネーションデザイナー。JVN（Japan Vulnerablity Notes）/MyJVNなどの脆弱性対策処理基盤の整備、マルウェア対策研究人材育成ワークショップ（MWS）、日本シーサート協議会、日立グループのCSIRT関連活動を通じてセキュリティ向上に取り組んでいる。

CSIRT 構築から運用まで

2016年11月21日　初版第1刷発行
2023年7月20日　初版第7刷発行

編著者	日本シーサート協議会
発行者	東明彦
発行所	NTT出版株式会社
	〒108-0023
	東京都港区芝浦3-4-1 グランパークタワー
	営業担当：Tel. 03 (6809) 4891
	Fax. 03 (6809) 4101
	編集担当：Tel. 03 (6809) 3276
	https://www.nttpub.co.jp/
デザイン	米谷豪
印刷・製本	株式会社 デジタルパブリッシングサービス

©Nippon CSIRT Association 2016 Printed in Japan
ISBN 978-4-7571-0369-6 C0055

乱丁・落丁本はおとりかえいたします。
定価はカバーに表示しています。